U0614701

生活中的博弈论

谢洪波　邢群麟　著

Game Theory of Life

光明日报出版社

图书在版编目（CIP）数据

生活中的博弈论/谢洪波，邢群麟著. -- 北京：光明日报出版社，2011.6（2025.1重印）

ISBN 978-7-5112-1136-1

Ⅰ.①生… Ⅱ.①谢… ②邢… Ⅲ.①成功心理—通俗读物 Ⅳ.① B848.4-49

中国国家版本馆 CIP 数据核字 (2011) 第 066672 号

生活中的博弈论

SHENGHUO ZHONG DE BOYILUN

著　　者：谢洪波　邢群麟	
责任编辑：温　梦	责任校对：映　熙
封面设计：玥婷设计	封面印制：曹　净

出版发行：光明日报出版社

地　　址：北京市西城区永安路 106 号，100050

电　　话：010-63169890（咨询），010-63131930（邮购）

传　　真：010-63131930

网　　址：http://book.gmw.cn

E - mail：gmrbcbs@gmw.cn

法律顾问：北京市兰台律师事务所龚柳方律师

印　　刷：三河市嵩川印刷有限公司

装　　订：三河市嵩川印刷有限公司

本书如有破损、缺页、装订错误，请与本社联系调换，电话：010-63131930

开　　本：170mm×240mm			
字　　数：180 千字		印　　张：14	
版　　次：2011 年 6 月第 1 版		印　　次：2025 年 1 月第 4 次印刷	
书　　号：ISBN 978-7-5112-1136-1			

定　　价：45.00 元

前 言

PREFACE

　　博弈论是研究具有斗争或竞争性现象的理论和方法，是指某个个人或组织，面对一定的环境条件，在一定的规则约束下，依靠所掌握的信息，选择各自的行动方案，并取得相应结果或收益的过程。在经济学上，博弈论是个非常重要的理论概念。博弈论正式发展成一门学科是在 20 世纪初。1928 年，冯·诺依曼证明了博弈论的基本原理，从而宣告了博弈论的正式诞生。1944 年，冯·诺依曼和摩根斯坦共著的划时代巨著《博弈论与经济行为》将二人博弈推广到 n 人博弈结构并将博弈论系统地应用于经济领域，从而奠定了这一学科的基础和理论体系。博弈论天才纳什于 1950 年发表的开创性论文《n 人博弈的均衡点》及 1951 年发表的《非合作博弈》等，给出了纳什均衡的概念和均衡存在定理。 此外，塞尔顿、哈桑尼的研究也对博弈论发展起到推动作用。今天博弈论已发展成一门较完善的学科。

　　尽管博弈论主要是作为现代数学和经济学的一个分支而存在，但是它的许多理论模型可以广泛运用于现实生活中，可以说在生活中无处不存在博弈，无人不在博弈。

　　其实，在我们的现实社会中，上至国家、政党，下至市井居民，大家冥冥之中似乎都受到某种规则的支配；都在追求某种利益；都试图以最小的代价获得最大的收入；都试图寻找一个对自己最有利而各方又都能够接受的均衡点。所有的这些行为都可以称之为"博弈"。

　　博弈论涉及的"游戏"范围甚广：人际关系的互动，夫妻关系的协调，球赛或麻将的出招，股市和基金的投资，等等，都可以用博弈论巧妙地解释。

　　在生活中，我们经常可以看到：水费涨了、电费涨了、油价涨了……各类生产生活资源节节攀升的时候，于是，人们抱怨：早知如此，我们应该怎么着怎么着。当各类电器价格步步下跌的时候，我们又会听到人们叹息：如果我们怎么着怎么着，我们又会节约多少。当人们面对入学、就业、考研、出国等各种重大选择的时候，往往反复掂量，而且是众志成城、群策群力，而不是草率做出结论和拿出对策。面对社会的每一个信息，面对自己的每一件事情，人们都在琢磨、在协商、在奔波……

我们在生活中有时也无意中形成各种纳什均衡。子女谈恋爱，往往是一个家庭的大事。过去讲究"父母之命，媒妁之言"，现在讲究自由恋爱，但男女双方能否被对方家庭接纳，往往是恋爱能否成功的一个重要内容。在很多情况下，父母不同意儿女所交的男友或者女友，恼怒之余，有些父母会威胁子女说："如果你再同他（她）交往，我们就与你断绝关系。"但这样的威胁往往是不可信的。对爱情执着的聪明儿女会置父母的威胁于不顾，继续与恋人交往，甚至最终与之结婚，父母最后也会承认那个当初他们并不喜欢的媳妇或女婿。这就是一种"纳什均衡"。

本书用通俗易懂的语言对博弈论的原理作了全面系统的讲解，探讨了囚徒困境、纳什均衡、零和与非零和博弈规则、重复博弈规则、多人博弈规则、逆向选择等博弈论中重要的规则内涵、适用范围、作用形式，将原本深奥的博弈论通俗化、简单化。同时，本书通过大量典型的实例，从处世、职场、管理、营销、消费、投资、谈判、爱情、家庭等方面，就博弈论对社会生活的制约作用和影响效力作了详尽而深刻的剖析。通过本书，读者可以了解博弈论的来龙去脉，掌握博弈论的精义，开阔眼界，提高自己的博弈论水平和决策能力，将博弈论的原理和规则运用到自己的人生实践和商务活动中，面对问题做出理性选择，减少失误，突破困境，取得事业和人生的成功。

事实上，博弈从本质上说仅仅是一种策略、一种方法，能够给人们的生活和工作以启发，能够给个人、集体和社会以启迪。任何人都可以深入研究、探讨其中的玄机；任何人也都可以深入浅出，从中受到裨益。

博弈无处不在，无时不在，无人不在博弈，无人不会博弈，但博弈有胜负，策略有高低。因此，我们可以通过学习，通过探讨，做出更佳的抉择，让我们的生活、我们的社会变得更加美好。既然我们如此离不开博弈，就必须学习博弈，就一定要懂博弈论。

目 录
CONTENTS

⊙第四章 人际交往要懂博弈论：进退自如的处世哲学

⊙第五章 消费要懂博弈论：看紧钱袋，理性消费

⊙第六章 投资要懂博弈论：以最小的投入获得最大 的收益

⊙第七章 营销要懂博弈论：怎样才能卖得更好

⊙第八章 谈判要懂博弈论：谈判就是讨价还价

⊙第九章 管理要懂博弈论：胡萝卜再加大棒

⊙第十章 职场生存要懂博弈论：有竞争，也有双赢

⊙第十一章 爱情要懂博弈论：婚姻是场马拉松

⊙第十二章 家庭生活要懂博弈论：皇帝需要轮流做

第一章

走近博弈论：

一场规则与智慧的游戏

⦿ 博弈究竟是什么

博弈论是一种"游戏理论"。其准确的定义是：一些个人、团队或其他组织，面对一定的环境条件，在一定的规则约束下，依靠所掌握的信息，同时或先后，一次或多次，对各自允许选择的行为或策略进行选择并加以实施，并从中各自取得相应结果或收益的过程。

通俗地讲，博弈就是指在游戏中的一种选择策略的研究，博弈的英文为 game，我们一般将它翻译成"游戏"。而在西方，game 的意义不同于汉语中的游戏。在英语中，game 即是人们遵循一定规则的活动，进行活动的人的目的是让自己"赢"。而自己在和对手竞赛或游戏的时候怎样使自己赢呢？这不但要考虑自己的策略，还要考虑其他人的选择。生活中博弈的案例很多，只要有涉及人群的互动，就有博弈。

比如，一天晚上，你参加一个派对，屋里有很多人，你玩得很开心。这时候，屋里突然失火，火势很大，无法扑灭，此时你想逃生。你的面前有两个门，左门和右门，你必须在它们之间选择。但问题是，其他人也要争抢这两个门出逃。如果你选择的门是很多人选择的，那么你将因人多拥挤、冲不出去而被烧死；相反，如果你选择的是较少人选择的，那么你将有望逃生。这里我们不考虑道德因素，你将如何选择？

你选择时必须考虑其他人的选择，而其他人在选择时也会考虑你的选择。你的结果（博弈论称之为支付）不仅取决于你的行动选择（博弈论称之为策略选择），同时取决于他人的策略选择。这样，你和这群人就构成一个博弈 (game)。

⦿ 博弈的由来

博弈论主要是由冯·诺依曼 (1903～1957 年) 创立的。他是一位出生于匈牙利的天才数学家。他不仅创立了经济博弈论，而且发明了计算机。早在 20 世纪初，塞梅鲁（Zermelo）、鲍罗（Borel）和冯·诺依曼已经开始研究博弈的准确的数学表达，直到 1939 年，冯·诺依曼遇到经济学家奥斯卡·摩根斯坦（Oskar Morgenstern）并与其合作，才使博弈论进入经济学的广阔领域。从博弈论进入经济领域开始，博弈论才作为一个单独的经济学分支学科独立出来，但此时的博弈论尚处于萌芽状态，并没有被发扬光大。

博弈论真正得到全面的发展并被世人广为传播，则是由于纳什的贡献。1948 年，纳什到普林斯顿大学攻读数学系的博士学位，那一年他还不到 20 岁。当时普林斯顿可谓人杰地灵，大师如云。爱因斯坦、冯·诺依曼、列夫谢茨（数学系主任）、阿尔伯特·塔克、阿伦佐·切奇、哈罗德·库恩、诺尔曼·斯蒂恩罗德、埃尔夫·福克斯等全都在这里。

纳什在上学期间并不算是一个好学生，他经常旷课。据他的同学们回忆，他们根本想不起来曾经什么时候和纳什一起完完整整地上过一门必修课，但纳什争辩说，至少上过斯蒂恩罗德的代数拓扑学。斯蒂恩罗德恰恰是这门学科的创立者，可是，没上几次课，纳什就认定这门课不符合他的口味，于是，又走人了。然而，纳什毕竟是一位英才天纵的非凡人物，他广泛涉猎数学王国的每一个分支，如拓扑学、代数几何学、逻辑学、博弈论等，并深深地为之着迷。纳什经常显示出他与众不同的自信和自负，咄咄逼人的学术野心。1950 年，整个夏天纳什都忙于应付紧张的考试，他的博弈论研究工作被迫中断，他感到这是莫大的浪费。殊不知这种暂时的"放弃"，使原来模糊、杂乱和无绪的若干念头，在潜意识的持续思考下，逐步形成一条清晰的脉络，他的脑中突然来了灵感！这一年的 10 月，他骤感才思潮涌，妙笔生花。他为自己长期的博弈论思考找到了答案，非合作博弈的构思逐渐在他脑海里形成。

1950 年，他终于把自己的研究成果写成题为"非合作博弈"的长篇博士论文，同年 11 月刊登在美国全国科学院每月公报上，并立即引起轰动。至此，博弈论作为一颗耀眼的明星，闪耀在学术的天空中。

纳什这样一个天才的数学家、经济学家虽然做出了学术上的极大贡献，使博弈论开始为人们所关注，但纳什自身却经历了极为苦难的人生旅程，也正是纳什的传奇人生使得"纳什均衡"有着更加耀眼的光环。在美国，有一本书叫作《普林斯顿的幽灵》，就是为纪念纳什而写，根据此书改编的电影《美丽心灵》也获得了不错的票房收入。由于纳什的传奇经历，人们关注纳什本身的因素甚至一度超过了博弈论，所以我们在这里单提出一点来讲纳什的故事。纳什还有他的家人在与病魔斗争中所表现出的顽强意志构成了博弈论诞生史的另一道美丽的风景，言博弈必要言纳什、言其家人、言普林斯顿。

纳什在故乡西维珍尼亚读小学的时候，老师告诉纳什的母亲他的数学很糟糕。后来在普林斯顿，纳什表现为一个天才。但纳什的天才是与他的勤奋分不开的，《美丽心灵》曾经记录过这样一个片断：当时普林斯顿大学数学系讲师钟开莱在某一个秋天的清晨很早来到教授休息室，却发现休息室的门是半开的，很明显有人比他更早到。他没有停下脚步，接着发现在大厅中央的桌子上面，乱七八糟地堆满了写过的草稿纸。就在稿纸中间，躺着一个黑发的年轻人，双臂交叉枕在脑后，眼睛盯着天花板。他正在思考某些重要的问题，根本就没有注意到有其他人进来。这个人，就是纳什。

纳什顺利地获得博士学位，并开始留校任教。纳什在普林斯顿大学娶妻生子，但纳什结婚后却度过了一段艰难的人生。

纳什的妻子阿丽莎是他在普林斯顿大学的学生。1957年，纳什与阿丽莎结婚，一年后阿丽莎怀上他们的孩子。此时，纳什被《财富》杂志评为美国最耀眼的科学新星，却不料在接近30岁、学术生涯向巅峰攀升的大好年华，病魔袭击了纳什。1959年开始，偏执型精神分裂症逐渐使纳什成为一个废人。于是他辞去了普林斯顿大学的职位。

自此后，纳什完全变成了另外一个人：给政治人物写奇怪的信，在欧洲游荡差点被警察收容，写奇怪的明信片给同事、妻子，他怀疑被跟踪、被刺杀。最终夫妻分居了，接着正式离婚。离婚以后，好心的阿丽莎还是让纳什和她住在一起。她没有再结婚，用自己微薄的收入和亲友的接济，照料前夫和他们的儿子。

纳什此后就待在了普林斯顿，因为只有在普林斯顿，行为古怪才不会被认为是疯子，因为普林斯顿有太多的科学家行为古怪。

朋友们曾经帮助他象征性地申请科研项目，但是却毫无效果。

医生、亲人和普林斯顿的爱心，终于使得纳什的病情开始好转，20世纪80年代中期，纳什可以逐渐与人交谈，讨论一些问题，并且跟上了计算机发展的步伐。

这个时候纳什被提名为诺贝尔奖候选人，但没有成功。当时间走近1994年的时候，博弈论获奖的形势已经瓜熟蒂落。获奖者起码能够面对国王、王后发表答词，当然最好还有个什么头衔之类。恰恰纳什什么都没有。

这个时候纳什的博士生同学、普林斯顿数学系和经济系著名教授库恩发挥了特殊的作用，他向诺贝尔委员会申明：如果由于病魔原因而剥夺纳什的诺贝尔奖，实在有些过分。同时根据库恩的建议，普林斯顿大学数学系给了纳什"访问研究合作者"的身份。

由于库恩的贡献，纳什终于站在了诺贝尔奖的领奖台上。

求学、生活、养病在普林斯顿，纳什是幸运的。

纳什的学术成就，当然无愧于瑞典皇家科学院的诺贝尔奖。

但是如果没有普林斯顿大学的爱心呵护，如果没有已离婚妻子和其他亲人的爱心呵护，被精神分裂症折磨30多年的纳什，能否活到现在并且具有起码的心智，实在是一个很大的疑问。

◎ 博弈的构成要素

博弈由很多因素构成，每个博弈都至少包含5个基本要素。

1. 局中人。也可以称之为决策主体，或者叫参与者、博弈者。在一场竞赛或博弈中，每一个有决策权的参与者都成为一个局中人。只有两个局中人的博弈现象称为"两人博弈"，而多于两个局中人的博弈称为"多人博弈"。博弈的参与者在游戏里扮演不同的角色。

比如象棋，有这样几种角色：老将、相、士、车、马、炮和小卒子，俨然一支军队。每个角色都是一次棋局博弈的局中人。当然，比起真实的人生，这个模型过于简单了，但一样可以映射出现实的生活。

梁启超说过："唯有打牌可以忘记读书，也只有读书可以忘记打牌。"即使像李清照这样的才女，对赌博的迷恋和豪气也不让须眉。三明治伯爵当初发明以他自己的名字命名的点心，真实的出发点只是为了进餐的时候可以不离开赌桌。乔治·华盛顿这样伟大的人物，在美国大革命时，竟然也在自己的帐篷里开设赌局。

也正因为人有争强好胜的天性，所以在整个人生中，博弈才会无处不在，因为人们时时刻刻都在想着与他人竞争，人们时时刻刻都把自己摆在一个局中人的角度。从这个意义上讲，人生本身就是一场博弈，而人则永远是博弈中的局中人。

2. 策略。在博弈中有了局中人，就要开始进行策略地选择了。一局博弈中，每个局中人都有可供选择的、实际可行的、完整的行动方案，该方案不是某阶段的行动方案，而是指导整个行动的一个方案。一个局中人的一个可行的自始至终筹划全局的一个行动方案，称为这个局中人的一个策略。如果在一个博弈中，局中人都只有有限个策略，则称为"有限博弈"，否则称为"无限博弈"。由于在人生中每个人都随时扮演着局中人的角色，人生也就随时面对各种选择，所以在人生这场大游戏里，策略的选择也就异常重要。一旦选择不慎，则可能出现整个人生的败局，正所谓"一招不慎，全盘皆输"。

策略固然能改变我们的人生，但不要忘了，我们之所以进行策略选择，只有一个目的，那就是：为了获得自己更大的效用。

3. 效用。所谓效用，就是所有参与人真正关心的东西，是参与者的收益或支付，我们一般称之为得失。每个局中人在一局博弈结束时的得失，不仅与该局中人自身所选择的策略有关，而且与全局中人所取定的一组策略有关。所以，一局博弈结束时，每个局中人的"得失"是全体局中人所取定的一组策略的函数，通常称为支付（payoff）函数。每个人都有自己的支付函数，整个人生中的每一步行动，其实人都为自己简单地计算过支付函数中效用的得失，也就是干一件事情值还是不值。

4. 信息。在博弈中，策略选择是手段，效用是目的，而信息则是根据目的采取某种手段的依据。信息是指局中人在做出决策前，所了解的关于得失函数，或支付函数的所有知识，包括其他局中人的策略选择给自己带来的收益或损失，以及自己的策略选择给自己带来的收益或损失。在策略选择中，信息自然是最关键的因素，只有掌握了信息，才能准确地判断他人和自己的行动。

两军对垒，知己知彼者必然取胜。在牌桌上，出老千的人每次都赢。公司里都有机密文件，这是商业秘密，绝不能透露，透露一点则可能给公司带来厄运。一个人如果提前了解了内部信息，则可能会改变他原来的计划。

5. 均衡。均衡是一场博弈最终的结果。均衡是所有局中人选取的最佳策略所组成的策略组合。均衡就是平衡的意思，在经济学中，均衡意即相关量处于稳定值。在供求关系中，某一商品市场如果在某一价格下，想以此价格买此商品的人均能买到，而想卖的人均能卖出，此时我们就说，该商品的供求达到了均衡。所谓纳什均衡，它是一个稳定的博弈结果。

在上述要素中，局中人、策略、报酬和信息规定了一局博弈的游戏规则。均衡是博弈的结果，也是游戏结束的最后结局。

博弈的分类

猪槽里，小猪总是不劳而获；厕所里，坏女郎机关算尽却算计了自己。在完全信息的静态博弈中，搭便车是最佳的选择，但在动态博弈中，事情的发展却往往超出自己的预料。在不完全信息下，不管是静态还是动态博弈，我们都可以使用骗人、算计这样的坏招数，而且一击即中。

完全信息中的静态博弈

完全信息静态博弈指的是信息对于博弈双方来说是完全公开的，双方在博弈中的决策是同时的或者不同时但在对方做决策前不为对方所知的。

完全信息中的静态博弈最经典的例子当属博弈论里的"智猪博弈"的故事。

猪圈里有两头猪。猪圈的一头有一个食槽，另一头有一个控制猪食供应的按钮。按一次按钮，有10个单位的猪食进槽，但是谁按按钮谁就要付出2个单位的成本。若大猪先到食槽，大猪吃到9个单位猪食，小猪只能吃1个单位；若两猪同时到达食槽，大猪吃7个单位猪食，小猪只能吃3个单位；若小猪先到，大猪吃6个单位猪食，小猪只能吃4个单位。

按照上述规则，大猪、小猪同时按动按钮，则两猪同时到达食槽，则扣除成本，大猪、小猪分别得到 5 个、1 个单位的猪食；若大猪按动按钮，小猪在食槽边等待，则大猪、小猪分别得到 4 个、4 个单位的猪食；若大猪等待，大猪、小猪分别得到 9 个、–1 个单位的猪食；若两个猪都等待，显然没有猪食进槽，即两猪都只能得到 0 个单位的猪食。

我们假定大猪选择"等待"，则根据上述分析，小猪选择"等待"是占优战略；假定大猪选择"按动"按钮，则根据上述分析，小猪选择"等待"仍然是占优战略。所以小猪总应该选择"等待"。此时，做类似的分析，可知，大猪的最优选择只能是"按动"。故本案例中的纳什均衡是：大猪选择"按动"，小猪选择"等待"。

在此均衡之下，大猪、小猪分别得到 4 个、4 个单位的猪食。提请注意，所得相同。故而，多劳者，不多得！

"智猪博弈"的广泛应用表现在：股份公司大小股东监督责任的承担、股市中"小户跟大户"现象、市场中大小企业的研发投入、公共产品的供应、经济改革中不同受益群体的积极性差异等。

智猪博弈给我们揭示了在信息公开的情况下，博弈所面临的必然的搭便车情况，一方（大猪）行动后，其他方（小猪）也开始行动。大猪按动按钮的成果总是被小猪占有一部分。这是一个典型的搭便车的行为，弱势一方总是搭强势一方的便车。如果博弈双方都是对等的，两者同时博弈却不知彼此的策略，会怎样呢？比如两个都非常聪明的人，他们在掌握了大量的公共信息后，又当如何博弈？

完全信息下的动态博弈

动态博弈是生活中最常见的博弈。动态博弈与静态博弈不一样，静态博弈是双方同时行动，而且只博弈一次；动态博弈是多次博弈而不断进行，比如下象棋，你走一步，对方走一步。在行动策略上，有一个先后的顺序，谁先动第一步，紧后谁动第二步。动态博弈既是一个重复博弈的过程，也是一个策略选择有次序的过程。

在一家小旅馆里，一位住店的男青年走入厕所。突然一个打扮得花枝招展的女郎闪电似的跻身跟着进了厕所，并迅速地把厕所门关上，对青年说道："把你的钱和手表给我，不然我就喊你非礼。"

厕所里没有第三者，真相难以说清，不给钱女郎就喊非礼，弄不好会使自己声名狼藉。男青年遇此困境，并未惊慌失措，而是急中生智，用手指指自己张大的嘴巴，又指指自己的耳朵，然后"呜呜啊啊"地叫起来。

女郎见事情不顺利，便想转身溜走。此时男青年掏出钢笔递给她，并将自己的手掌伸出来，示意女郎把刚才的话写在他的手掌上。

青年这一动作如此逼真，女郎以为真的遇到了哑巴，失去了警惕。她还想继续敲诈，便拿起笔在男青年的手上写道："把钱和手表给我，不然就喊你非礼！"

这个青年取得了女郎的罪证，便一把抓住她，大喊一声："抓抢劫犯！"

女郎是个惯犯，每天都抢劫别人，没想到今天被人抓了。在青年与女郎的博弈过程中，先是女郎威胁青年，接着是青年急中生智装哑巴，女郎与青年这一先一后的行为就是动态博弈。青年是根据女郎的威胁策略做出的装哑巴的行动。但到这里博弈过程并未结束，动态博弈就是把博弈过程重复下去，如果是无限重复，那就是无限动态博弈，有限重复就是有限动态博弈，像平时玩的接龙游戏就属于无限博弈。而我们案例中的女郎与青年的博弈显然是个有限重复博弈，接着女郎根据小伙子的行动，判断出小伙子是哑巴，然后做出在小伙子手上写字的举动，直到小伙子又做出行动策略：喊抓抢劫犯。至此，整个博弈过程结束。在动态博弈中，每个局中人的举动显然都是先根据对方的行动做出的。在做出每一步行动前，信息对于他们都是公共的，即小伙子知道姑娘想害她，姑娘是个抢劫犯，而姑娘知道小伙子是个无辜的人，也是适合自己的下手对象。一方是好人，一方是犯人，这是两个局中人的基本状况。从这个角度来看，这是一场典型的完全信息下的动态博弈。

不完全信息下的静态博弈

在信息不对称的情况下，静态博弈的双方更难以掌握博弈的结局，因为，双方不但不知道彼此的策略选择，而且所掌握的对于博弈的结局的公共信息都是不对称的，有的掌握得多些，有的掌握得少些，显然掌握得多些的局中人更容易做出正确的策略选择。

比如曹操与袁绍之间的官渡之战就是一次不完全信息下的静态博弈。是役，曹操掌握了许攸所提供的信息。曹与袁之间虽然实力悬殊，但曹操的信息明显多于袁绍，他们之间的信息是不对称的，在曹袁之间的博弈中，局中人曹操在判断上更有优势！我们看一下官渡之战的局面：

建安四年（公元199年），袁绍组织10万大军，战马万匹，进驻黎阳（今河南浚县东北），企图直捣许县，一举消灭曹操。建安五年（公元200年）正月，曹操为了避免腹背受敌，率军东进徐州，击溃与袁绍联合的刘备，逼降关羽，占据下邳（今江苏邳州市南）。接着进驻易守难攻的官渡，严阵以待。二月，袁绍派大将颜良南下，包围了白马（今河南滑县东）。曹操只有两万兵马，力量对比悬殊，于是采取声东击西、分其兵力的作战方针。四月，他率军从官渡到延津（今河南延津北），做出要北渡黄河袭击袁绍后方的姿态，袁绍急忙分兵西迎曹军。曹军乘势进袭白马，杀袁绍大将颜良，袁绍闻讯派兵追来，曹军又斩袁绍大将文丑。曹军士气大振，然后还军官渡，伺机破敌。七月，袁军主力进至官渡北面的阳武（今河南原阳东南）。八月，接近官渡，军营东西长达数十里。曹操在敌众我寡的情况下，采取积极防御的方针，双方在官渡相持了数月。在这期间，曹操一度准备放弃官渡，退守许县。荀攸提出，撤退会造成全面被动，应该在坚持中寻找战机，出奇制胜。曹操依其议。十月，袁绍派淳于琼率兵1万多押送大量粮食，囤积在袁绍大营以北约40里的故市、乌巢（今河南延津东南）。沮授建议袁绍派兵驻扎粮仓侧翼，以防曹军偷袭，遭袁绍拒绝。谋士许攸也提出，趁曹军主力屯驻官渡、后方空虚的机会，派轻兵袭许，袁绍又不采纳。

至此时，袁绍还是占据优势，但袁绍刚愎自用的性格使袁军失去了好几次攻破曹操的机会，袁绍的谋士给袁所提出的信息和策略也是真实可行的。在许攸的意见被其否决后，许攸一怒之下，投奔了曹操，并告知曹操袁军的虚实，以及袁绍用酒徒淳于琼守乌巢的信息，而乌巢是袁绍的粮食基地。在这场博弈里出现了严重的信息不对称，曹操此时掌握了袁绍最重要的信息，而袁绍对曹操却不甚知之。此时的曹操已经没有粮饷，如果袁绍率军出击，恐怕历史就要改写。袁绍既不知道曹操虚实，也不知自己的重要军事机密已经泄露。

而另一边的曹操听闻许攸的建议后果断地决定留曹洪、荀攸固守官渡大营，亲自率领步骑5000偷袭乌巢，半夜到达，乘袁军毫无准备，围攻放火，焚烧军粮。袁绍误认为官渡曹营一定空虚，派高览、张郃率主力攻打，而只派少量军队援救乌巢。结果官渡曹营警备森严，防守坚固，未能攻下。同时，曹操却猛攻乌巢，杀死守将淳于琼，全歼袁军，烧毁全部囤粮。消息传来，袁军十分恐慌，内部分裂，张邰、高览率所属军队投降曹操。曹操乘机出击，大败袁军，歼敌 7 万余人。袁绍父子带 800 骑兵逃回河北。两年后，袁绍郁愤而死。此役为曹操统一北方奠定了基础。

在这次博弈中，曹操就是利用了信息的不对称而取得了胜利。

不完全信息下的动态博弈

信息不对称的情况下，不完全信息的动态博弈是指局中人在信息的了解度不一致的情况下，多次、有序地策略选择的博弈。由于信息是不对称的，所以这样的博弈对信息掌握较少的一方不但是不利的，而且很可能让信息掌握较少的一方输得血本无归。因为信息不对称，故很可能每一步的行动都是假信息。历史上孙膑与庞涓争斗了一生，他们一生中经历了多次博弈，几乎每一次信息都是不对称的，有时庞涓胜利，有时孙膑胜利。

孙膑少年时便下定决心学习兵法，准备做出一番大事业。长大后，他四处游学，到深山里拜精通兵法的隐士鬼谷子先生为师，勤奋地学习兵法阵式。鬼谷子把《孙子兵法》教给孙膑，不到 3 天，孙膑便能背诵如流，并且根据自己的理解阐述了许多精辟独到的见解。鬼谷子为他奇异的军事才能而兴奋，说："这一下，大军事家孙武后继有人了！"

庞涓是孙膑的同学，很忌妒孙膑的才能，但表面上却装作和孙膑很要好，相约以后一旦得志，彼此互不相忘。后来庞涓在魏国做了官，他派人邀孙膑下山共同辅佐魏王。孙膑到来之后，他先是虚情假意地热烈欢迎，而后委之以客卿的官职，孙膑自然对不忘旧日同窗之情的庞涓感激万分。此时的庞涓是想害孙膑，给孙膑所传达的信息是假的。

半年之后，庞涓玩弄阴谋手段，捏造罪名，诬陷孙膑私通齐国，对他施以膑刑，脸上也刺上字，目的在于从精神上销蚀孙膑。庞涓终于开始行动了，采用的策略就是陷害孙膑。在这场动态博弈中，庞涓是先行动的一方。

开始，孙膑并不知道庞涓害他，知道以后，便下定决心要报仇雪恨。

他摆脱庞涓手下的监视，暗地里潜心研究兵书战策，准备有朝一日逃离虎口。为了蒙骗监视他的人，他甚至装疯卖傻，以粪便为食，与牲畜做伴。

在孙膑知道庞涓的行动策略后，紧接着采取的策略就是用假信息迷惑庞涓。他们之间的信息又是不对称的，而实际上孙膑在潜修兵法准备报仇。

后来齐国的使者来到魏国，暗地里把孙膑带回齐国，孙膑得以在齐国大显身手。

公元前 354 年，魏国派庞涓率大军围攻赵国都城邯郸，企图一举消灭赵国。孙膑准备帮助赵国，孙膑与田忌商量，提出"围魏救赵"的作战方针，用兵假装攻击魏国，庞涓不知道孙膑的真实意图，率兵回魏，正好中了孙膑下怀，解了赵国之围。

以后，魏王又派庞涓率兵攻韩。齐王答应救援，派田忌为大将，孙膑为军师，攻魏救韩。孙膑冷静分析了敌我双方的具体情况，根据魏军悍勇轻敌和急于求成的心理，提出退兵减灶的作战方针，第一天挖 10 万灶，第二天挖 5 万灶，第三天挖 2 万灶，这其实是给庞涓留下的一个假信息。庞涓以为孙膑实力弱小，士兵逃亡越来越多，便准备乘胜出击，结果正中了孙膑的埋伏。同时，孙膑还命人把路旁的一棵大树的树皮刮去，并写上"庞涓死于此树之下"8 个大字，并吩咐士兵说："夜里发现红光，就一齐放箭！"

天黑之后，庞涓率兵马不停蹄地追到马陵。但见路上横七竖八地扔着许多木头，便命士兵下马下车，准备开路追击，却忽然看见路边的白色树干上隐隐约约有几个大字。庞涓疑心特重，便命人点火观看，没等看完就连叫不好。但为时已晚，齐军乱箭齐发，魏军顿时大乱，四面被围。箭如雨下，既无法抵抗，又无路可逃。庞涓自己也身负重伤，眼见败局已定，绝无挽回的余地，只好垂头丧气地拔剑自刎。齐军此役一举歼灭敌军，大获全胜。这就是历史上被称为经典之战的马陵之战，而孙膑从此也名扬天下。

孙膑的确是位杰出的军事家，同时也是一个深知动态博弈秘诀的人。面对命运的不公，面对"朋友"的诬陷，他仍能忍隐不发，潜心等待时机的到来，不断释放假信息以迷惑敌人，利用信息不对称的优势，在适当的时候选择正确的策略。这不但需要一份惊人的耐力，同时也要有一种卓越的审视力和观察力，才能在不完全信息的动态博弈中取得胜利。

第二章

博弈论的现实意义与功用：

生活离不开博弈

◎ 小故事中的大智慧

唐代著名的文学家、哲学家柳宗元在被贬为柳州刺史时，曾经记载了发生在湖南郴州的一个小孩徒手杀死两名强盗的真实故事。这篇文章名为《童区寄传》，用今天的白话翻译出来意思如下：

儿童区寄，是湖南郴州地区打柴放牛的孩子。一天，他正一边放牛一边打柴，有两个蛮横的强盗把他绑架了，反背着手捆起来，用布蒙住他的嘴，离开本乡四十多里地，想到集市上把他卖掉。区寄装着小孩儿似的哭哭啼啼，害怕得发抖，做出一副孩子常有的胆小的样子。强盗并不把他放在心上，相对喝酒，喝醉了。其中一个强盗离开前去集市谈买卖孩子的生意，另一个躺下来，把刀插在路上。区寄暗暗看他睡着了，就把捆绑自己的绳子靠在刀刃上，用力地上下磨动，绳子断了；便拿起刀杀死了那个强盗。

区寄逃出去没多远，那个上集市谈买卖的强盗回来了，抓住区寄，非常惊恐，打算要杀掉他。区寄急忙说："做两个主人的奴仆，哪里比得上做一个主人的奴仆呢？他不好好待我，主子你果真能保全我的性命并好好待我，无论怎么样都可以。"强盗盘算了很久，心想："与其杀死这个奴仆，哪里比得上把他卖掉呢？与其卖掉他后两个人分钱，哪里比得上我一个人独吞呢？幸亏自己的伙伴被杀死了，好极了！"随即埋葬了那个强盗的尸体，带着区寄到集市中强盗窝藏的地方，把区寄捆绑得很结实。到了半夜，区寄自己转过身来，把捆绑的绳子就着炉火烧断了，虽然烧伤了手也不怕；又拿过刀来杀掉了这个的强盗。然后大声呼喊，整个集市都惊动了。区寄说："我是姓区人家的孩子，不该做奴仆。两个强盗绑架了我，幸好我把他们都杀了，我愿把这件事报告官府。"

集镇的差吏把这件事报告了州官，州官又报告给府官。府官召见了区寄，不过是个幼稚老实的孩子。刺史颜证认为他很了不起，便留他做小吏，区寄不愿意。刺史于是送给他衣裳，派官吏护送他回到家乡。

乡里干抢劫勾当的强盗，都斜着眼睛不敢正视区寄，没有哪一个敢经过他的家门，都说："这个孩子比秦武阳小两岁，却杀死了两个豪贼，怎么可以靠近他呢？"

从表面上看，这仅仅是一个小孩用计杀死两个强盗，最后安然脱险回家的故事。假若只是这样想，那就大错特错。一个"业余"放牛娃，估计也是个"文盲"，居然有如此的心机，能够让两个以贩卖人口为职业的人贩子阴沟里翻船，不但生意没有做成，还赔上两条老命，这需要何等的智慧。试想一下我们当前各种新闻时常报道的女大学生被人贩子骗到某地给人家做媳妇，只会哭哭啼啼、有如梨花带雨，空有满腹经纶，却是束手无策，宛如任人宰割的小鸡。又如新闻报纸上屡屡登载的一两名抢劫犯凭借一两柄匕首，在公交车上呼风唤雨，劫财劫色，忙得不亦乐乎，好不快活，满车青壮年，脸色苍白，神情木讷，任其所为，又是何等的悲哀！

为什么一个没有经过文化"熏陶"，没有经过格斗训练的牧童能够以"空手套白狼"的方式杀死对手，取得最后的胜利，关键在于他能够在博弈过程中根据对方的情况采取正确的决策，相机而动，这就是人人都拥有，却不是个个都会用的智慧。

如果说区寄和强盗是两军对垒，战斗一开始，这位牧童显然位居下风。对垒双方一方是毫无社会经验、人小力弱的牧童，一方是纵横乡里，有着丰富"战斗经验"的强盗；一方无心，一方有意；一方拥有先进武器——明晃晃的钢刀，一方估计就是赶牛棍一根，所以第一回合的"交锋"，强盗"兵不血刃"大获全胜——绑架了区寄，但强盗万万没有想到的是，这仅仅是对弈的开始，而非结局。

随之而来的是区寄的"扮猪吃象"，他首先装作害怕的样子，像平常的小孩一样，被这飞来横祸吓得屁滚尿流，让两个强盗觉得抓到了一只毫无还手之力的小鸡，放弃了最后一点戒备心理。强盗喝完酒，一个依照惯例去"谈生意"，一个放弃了自己的武装，倒地呼呼大睡。敌人分散了，力量削弱了，防范意识也没有了，于是区寄出击了，他反身用强盗的利刃割断捆绑自己的绳子，然后给了尚在睡梦中的强盗一个"安乐死"。

然而，就在取得第一回合胜利，准备胜利大逃亡之际，第二个"谈生意"

的强盗却回来了。估计区寄再勇敢，真刀真枪也敌不过这位有了防范之心的强盗，于是区寄再次羊入虎口。但这时候区寄的处境就凶险多了，因为他那手"扮猪吃象"的策略已经被对手察觉了。闻到死亡气息的强盗准备一劳永逸地解决这个"小杀手"，然而区寄的一句话却让对手改变的主意。区寄扬言，侍候两个主子还不如侍候一个主子了。就是这一句话，让强盗动了心，细细地算了一笔经济账，如果用三段论来推算强盗的心理，估计如下：

1. 绑架小孩的目的就是为了挣钱。

2. 两人均分不如一人独吞利润大，理论上一人占有这个小孩合算。

3. 所以小孩杀死伙伴，意味着自己可以独吞，因此小孩杀伙伴反而是帮助自己。

就是这样一个利欲熏心的推算，即将到手的金钱的诱惑超过了小孩给自己带来的恐惧，区寄终于保存了自己。

强盗把区寄带到了自己的据点，这一次，强盗防范意识加强了，把区寄捆得更紧才安心睡了。可惜他还是低估了对手，区寄把手放到火炉旁，烧断了绳子，再次让对手一命呜呼。这一次，区寄充分利用地处闹市的优势，干脆大吵大闹，让整个集市的人都知道，让窝藏自己的宅主陷入人赃俱获的地步，计无可出，终于使自己回到了家乡。

一个小孩，运用自己的谋略，抓住对方的弱点，不仅保护了自己的利益，而且使一个劫盗团伙覆灭，这就是博弈，区寄斗智不斗力，迷惑对手，软化对方，就是博弈策略。这个故事虽小，人物虽然名不见经传，但其中的智慧，所运用的策略，的确是一种地地道道的博弈，身处险境的区寄，他的策略，比现代很多接受过各种高等教育的人都要强。一个小故事，道出了人类最有价值的地方——智慧。任何人，只有运用自己的智慧才能维护自己的利益。

◎ 每个人都在博弈

博弈看似玄妙，但却是很实实在在的东西，事实上，博弈不是某些人的专利，也不是只有某个群体才可以玩的"游戏"，而是人人参与的"游戏"。

不管你愿不愿意，不管你意识还是没有意识到，社会上的每一个人都在为自己、为他人展开形形色色的各种博弈，所以说，无人不在博弈。

从古至今，从君临天下、神圣不可侵犯的帝王，"居庙堂之高，处江湖之远"的谋臣士人、迁客骚人到碌碌无为、谋衣谋食而奔波的市井小民，都在为自己的生存和发展而处心积虑地展开形形色色的博弈。

古代的帝王为了维护自己的"家天下"，竭尽全力把自己处于博弈的强势地位。西周通过周文王、周武王的努力，从商纣王手中夺取了天下。由于周人本身势力弱小，于是周公甩出了文武两手。一方面他制定了以"亲亲、尊尊"为主要内容的周礼，强调"天无二日、国无二君、家无二尊"，并制定了吉礼、凶礼、嘉礼、宾礼、军礼，为一切人制定了一整套的行为模式；另一方面，周公打出了"刑新国用轻典，刑平国用中典，刑乱国用重典"旗帜。文武并用，张弛有度，这可以算是中国最早提出的博弈策略。三千多年前中国人就懂得文武并用，一张一弛，就懂得因人而异，因时而异，可谓是天生的博弈高手，谁说博弈是外国人的专利。

当历史进入秦汉时期，中国人的博弈术开始日渐成熟。如果说对博弈之术稍有点欠缺的人，似乎应该属于秦人。千古一帝的秦始皇，凭借六代人的积累，一统天下，然后"隳名城，杀豪杰；收天下之兵，聚之咸阳，销锋镝，铸以为金人十二，以弱天下之民"。他的目的是试图创建子孙的万世基业，然而，无休无止的兵役、徭役，超过了人民忍受的极限，使秦统治者与天下臣民进入了一场非合作性博弈，最后以秦帝国的土崩瓦解而告终。秦始皇的刚劲为后世继承，但他的过失也成为后世制定博弈策略的反面教材。作为秦帝国的继承人的汉人领悟了"刚则易折"的道理，实行"王霸杂用之"的策略，软硬兼施，这种博弈方式到唐代已经精练地概括为"德礼为政教之本，刑罚为政教之用"，中国最高统治者的博弈术成熟而丰富。历朝历代的统治者就上演了一场场与天下臣民从合作走向对抗，从变和博弈走向零和博弈的历史戏剧。

俗话说："一个好汉三个帮，一个篱笆三个桩。"作为最上层的统治者他们必须组建自己的博弈团队，他们必须进行集团作战，于是作为社会上层的领导班子，最高领袖与他的亲密战友，"居庙堂之高"与"处江湖之远"的统治集团内部又展开了形形色色、大大小小的合作与非合作博弈。

这其中既有周公与周成王、诸葛亮与刘备、魏征与唐太宗等君臣之间如鱼得水似的合作性博弈，也有文种与勾践、韩信与刘邦、宋濂与朱元璋式的"刀剑情"的变和博弈。更有众多"黄袍加身"的故事让人细细揣摩。至于官僚集团内部的"清议"之说、"党派"之争，外戚与宦官的走马灯似地轮换，涉及其中的大小官员无不演绎着一场又一场的博弈悲喜剧。

到了现代"民主社会"，从上到下，同样是在为自己、为别人、为家庭、为国家而在开展或文或武，或硬或软的各种博弈。

人们都很羡慕那些国家领导人。但可能没有多少人知道，世界大大小小四百多位国家领导人和政府首脑从事的却是世界上最危险的工作。以现代"帝王般的总统"美国总统为例，林肯、肯尼迪总统有名吧，却死在人家的枪口下；里根总统被人家刺杀，险些成为植物人；尼克松总统打破中美两国的对立，却因"水门事件"被弄得灰溜溜地下台。他们的势力不可谓不强大，在全世界呼风唤雨，但还是要面对类似牧童区寄的最低级人身安全博弈；他们可以攻击一个个国家，却挡不住新闻记者的打破砂锅问到底，挡不住民众对权力的监督。

也许有人说，头头脑脑们吃吃喝喝，吵吵谈谈，家事国事天下事，关我小市民何事，但一个反倾销调查，就让无数工人的收入受到影响；一项铁矿石涨价，就使整个产业链的价格受到波动，就使千千万万的家庭想到怎样开源节流。作为普通人，风声雨声读书声，你能不关心吗？听说用电要涨价的风声，交钱买电地排成了长龙；出租车涨价了，打车人在打车时都掂量一下：还打不打车？你在买菜的时候，还为菜价钱是否合理而准备货比三家的时候，卖菜的大婶说："放心吧，我天天在这里卖菜。"于是你放心买下了。

意识到了吗？你和大婶就展开了一场信息博弈。双方的信息博弈如下：大婶传出的信息是，我今天骗了你，你们今后就不会再来我这儿买了，所以我不会骗你。你的信息判断是，她总是在这卖菜，我总是买菜，她肯定会认得我，卖贵了，我也会认得她，所以她不会骗我。于是放心地把菜买回家了。

无论帝王将相、才子佳人、市井小民，无论政府首脑、大小领导还是普通公民，无论过去、现在，还是未来，所有的人都在为自己、为他人，自觉或者不自觉地卷入了形形色色的博弈。

◎ 博弈与生活、学习、工作

对于普通人来说，人生的内容无疑就是生活、学习和工作。按照东方人的说法就是人首先要解决开门7件事：柴、米、油、盐、酱、醋、茶，在此基础上，人生还追求"洞房花烛夜，金榜题名时"，讲究"不孝有三，无后为大"，实际上就是把人生归纳为生存、繁衍、发展几部曲。即人首先得得到生存的物质保障，然后才会追求"金榜题名"，以求获得较高的社会地位，"洞房花烛"，满足自己的生理需求，同时繁衍后代。这是非常实在的想法，也是大部分人的生活历程。尽管从春秋开始，国人就耻于言利，总是以"君子喻于义，小人喻于利"、"君子谋道不谋食，君子忧道不忧贫"来表示对物质的鄙视，但到了宋朝，面对巨大的经济压力，统治者已经公然提出"义利并重"，"天下之急以理财为先"，公开把对物质的追求——解决人的生存放在了第一位。

西方马斯洛则把人的需求分成生理的需要、安全的需要、社交的需要、尊重的需要、自我实现的需要等5个层次。生理上的需要是人们最原始、最基本的需要，如吃饭、穿衣、住宅、医疗等等；安全的需要则是要求劳动安全、职业安全、生活稳定、希望免于灾难、希望未来有保障等；社交的需要也叫归属与爱的需要，是指个人渴望得到家庭、团体、朋友、同事的关怀爱护理解；尊重的需要包括自我尊重、自我评价以及尊重别人；自我实现的需要是最高等级的需要。在马斯洛看来，人都潜藏着这5种不同层次的需要，但在不同的时期表现出来的各种需要的迫切程度是不同的，高层次的需要充分出现之前，低层次的需要必须得到适当的满足。高层次的需要发展后，低层次的需要仍然存在，只是对行为影响的比重减轻而已。

不管按照东方传统说法，还是西方的系统总结，马克思的说法是最为简洁明了的。马克思认为，人只有解决吃穿住行之后，才能从事文学、艺术等高雅的工作。因此，对于任何人来说，生活、学习和工作是人生的重要内容，无数的人就是在生活、学习和工作中开展各种形式的博弈，使自己活得更好些。

在生活的各种琐事中，所有的人都在博弈。小到一顿早餐，大到买房买车，所有的人都在为自己生活的更好些而博弈。我们可能会因为买一个鸡蛋灌饼而展开一场博弈，我们常常对是否买街边小贩的鸡蛋灌饼而犹豫不决，甚至和小贩斤斤计较，这是因为小贩是"游击队"，打一枪换一个地方，我们必须在"便宜"和"健康"之间做出抉择，因为没法判断小贩的东西在"价廉"的基础上是否达到了"物美"，所以我们有时候喋喋不休地与小贩砍价，希望砍下一元半角，无非是用低廉的价格来补偿自己承担健康危害的风险。而我们在超市里买东西常常是毫不犹豫地排队，毫不吝啬地掏腰包，就是因为我们觉得超市是"正规军"，超市的东西有品牌，有质量保证，超市不会讲究讨价还价。所以，精明的商家就是一根香肠、一根肉串、一个粽子，也要做出品牌，也要有模有样地找个像样的地方摆摊设点。这就是日常生活中的人和小商贩、和大商家博弈有着不同的均衡点，对于小贩，人们看重的是价格，对于商家，人们更看重质量和售后服务。通过这两个均衡点，博弈各方形成均衡。

我们在生活中有时也无意中形成各种纳什均衡。子女谈恋爱，往往是一个家庭的大事。过去讲究"父母之命，媒妁之言"，现在讲究自由恋爱，但男女双方能否被对方家庭接纳，往往是恋爱能否成功的一个重要内容。在很多情况下，父母不同意儿女所交的男友或者女友，恼怒之余，有些父母会威胁子女说："如果你再同他交往，我们就与你断绝关系。"但这样的威胁往往是不可信的。对爱情执着的聪明儿女会置父母的威胁于不顾，继续与恋人交往，甚至最终与之结婚，父母最后也会承认那个当初他们并不喜欢的媳妇或女婿。这就是一种"纳什均衡"。

在学习上，我们经常能够看到的就是千军万马挤独木桥的现象。无数家庭为了子女的学习而不惜一切代价拼高质量的幼儿园、小学、中学、大学；无数孩子在这种一比十，甚至一比百的博弈中败下阵来；无数的孩子因为题山题海、因为读不完的书、考不完的试、不理想的结果而身心受到重重伤害。孩子苦，众多的家长不知道吗？不是不知道，而是家长在拿今天的"苦"博弈明天的"福"。

我们都知道，现阶段我国从幼儿园到高校，优质的教育资源极为有限，而对优质教育资源的需求却简直是"无限"，有限和无限的矛盾，使千千万万的家庭和他们的子女陷入了为争夺有限的优质资源而开展的殊死博弈。我们也可以看到，优质幼儿园的孩子升入优质小学的机会更高，优质小学进入优质中学、优质中学与进入名牌大学挂钩，而名校毕业与大城市、好工作、高工资直接相连。所有这些因素决定了我们的家庭、孩子必然陷入一场长达十几年，投资无数的教育博弈。

即便具体到学习中的每一个细节的时候，每一个人还在进行博弈。当高考填写志愿的时候，我们必须揣测哪所学校的竞争力相对弱些，那个专业日后毕业就业好些；但面临就业与进行深造的选择时，我们必须在时间与金钱、投入与产出、现在与未来之间找到一个均衡点，做出尽可能正确的博弈策略。

在工作中，企业想到的是怎样以最小的成本获得最高的利润。做老总的可能想到的是如何在与同行的竞争中脱颖而出，如何战胜对手。因此，他在决定是否将自己的产品降价以及降价多少时，在制定自己的博弈策略时，他会考虑，如果降价，消费者将会增加购买吗？大概会增加多少购买量呢？其他同种产品的厂家也会降价吗？做老总的是与同行业、与相关行业、与市场博弈。这些博弈有时候是合作性的，有时候却是非合作性的，例如：同行业的企业经过反复博弈，各方往往会选择相互合作的策略。因为如果一家企业采取不合作的低价倾销策略，其他企业也会采取相同的策略进行报复性竞争，长期下去，这些企业都将垮台。但如果各种不确定的因素出现，则非合作博弈则更可能实现。如一家企业掌握了本行业的核心技术，或者企业决定转产，价格大战等非合作性博弈就可能出现，两败俱伤就可能产生。而作为职员，想到的也是如何以最小的投入获取最大的收益，他必须与企业、领导、同事进行各种博弈。

从上可以看出，我们的生活、学习和工作都和博弈紧密相连，所以，我们必须认真对待每一场、每一次博弈，既对自己负责，也对他人负责。

博弈与个人、集体、社会

博弈如果是个体与个体、集体与集体、个体与集体之间的较量，如果博弈仅仅是两个参与人，这种博弈是可以控制和预测的。但是，如果博弈涉及个人、集体、社会各个方面的多方博弈，博弈参与人和主体的数目甚至都不能确定的时候，对这种多角博弈的结果往往是非常难以预料的。因为其中不确定、难以预测的原因太多。

理性的个体参与博弈的时候，会从理性人的角度出发，以自己利益最大化为原则，根据对方的对策，采取对自己最有利的对策。这种对策从理论上来说，可以为自己获得最大的利益。但个人的最佳选择并不代表对博弈对方也是最佳选择，并不代表对集体利益是最佳选择。

而当个人做出非理性的选择时，其博弈均衡则更加难以预测。例如，我们常常听说这样的事情，一哥们失恋，痛恨对方"夺走"了自己的恋人，于是请个有武力的哥们"教训"对方一顿，让对方饱受一顿"竹板炒肉"。可事情做过了头，"白刀子进，红刀子出"，结果本来是行政处罚变成了刑事处罚，哥们都，幕后人也以教唆罪而收入监狱，受到应有惩罚。这就是个人的非理性行为导致博弈均衡的改变，实际上变成了一种"双输"的结局。

如果博弈的参与人有一方是群体，或者双方都是群体，那么就更加容易出现不确定的博弈结果。我们在电视里看政府部门举行各种会议的时候，常常看到会议主持人盛赞会议是一个"团结的大会，胜利的大会"，有人认为这是"套话"，不以为然。但是，其中还是有着正确的博弈内涵的。一个具有共同利益的群体就应该具有人格化特征，一定要为实现这个共同利益采取一致行动。如果没有统一的人格个性，没有统一的指导思想，没有真正把集体利益置于个人利益之上，尽管有很多美好的设想，但许多合乎群体利益的群体行动并没有发生。相反，群体内部个人自发的自利行为往往导致对群体不利、甚至产生极其有害的结果。例如，我们会发现，众多的公寓、楼房，尽管家家户户窗明几净，装饰豪华，但如果没有物业公司提供的到位服务，公共用地部位往往是最脏的，乱摆乱放最多，公共通道的照明灯坏得最快而且是修复最慢的。

在股市，我们常常看到某一股票大起大落，涨时猛涨，跌时猛跌，持有同一公司股票的人不会齐心协力扶持该股票的价格；对于假冒伪劣商品，人人喊打，当新闻媒体调查的时候，受害者往往是声泪俱下，但真正与造假者博弈的时候，作为消费者和受害者很难组织起来与生产和销售伪劣产品的商家斗争。

为什么会出现群体博弈而群体目标不能实现，甚至还出现造成损害的情况呢？这仍然可以用纳什均衡来解释。事实上，群体也是由若干理性和非理性的个体组成，群体是非人格化的，群体的博弈行动是群体内部成员的博弈结果。因为，每个成员都有自己的最优效用函数，群体行动的结果具有公共性，如果群体博弈实现了最初的博弈目标，那么所有群体的成员都能从中受益，包括那些没有分担群体行动成本的成员。例如，工人罢工，农民上访，如果取得胜利，使老板被迫给工人加薪，给受损农民以应有的补助，这对所有工人和受害农民都有好处。但在工人群体与老板、受害农民与对方的博弈中，整个博弈成本和风险是由那些罢工、上访的组织者和积极分子分担的，而那些观望者和没有参与者却左右逢源。胜利了，他们可以加薪、得到补助；失败了，他们无须承当任何责任，也就没有任何损失。这种不合理的成本收益结构导致"搭便车"的行为。这实际上就是一种"智猪博弈"，"大猪"去按食槽的按钮，而"小猪"坐享其成。

正是由于这种搭便车行为的存在，理性个体从维护自身利益出发，采取对自己最有利的策略，一般不会为争取群体利益做贡献。人格化群体行动的实现其实非常不容易。当群体人数较少时，群体行动比较容易产生；但随着群体人数增加，产生群体行动就越来越困难。因为在人数众多的大群体内，要通过协商解决如何分担群体行动的成本十分不易；而且人数越多，人均收益就相应减少，搭便车的动机便越强烈，搭便车行为也越难以发现。这就往往使没有严密组织的松散集体行动以失败而告终。

那么从社会的角度来说，社会也是个人、集体博弈合力的结果。整个社会需要警惕一种现象，即个体或者群体为了个人或者小集体的利益，打着维护社会公正公平的旗号，扰乱社会治安，制造社会混乱，以此来要挟代表公共利益的政府满足其个人或者小群体的利益。例如，在换届选举中出现的落选候选人组织社会人员冲击政府部门；被禁止开采矿山老板、股东收买社会闲杂人员冲击各级主管部门，这实际上是个人、小集体和社会整体利益的博弈，这种博弈作为肇事者往往会制造"弱势群体"的悲情，博取公众的同情，向政府施加压力。

总之，博弈和个人、集体和社会的关系是千丝万缕的，如何处理好这其中的博弈关系，形成一种健康向上的合力，是全社会共同的任务。

● 博弈为我们带来什么

牧童区寄的故事、博弈的各种相关知识、整个博弈学理论到底能够给我们带来什么呢？

首先，博弈可以给我们带来自信，带来亲切感和熟悉感。牧童区寄仅仅是唐代一个偏僻、荒凉地区的放牛娃，是一个没有接受过什么"正规"教育的农村孩子，却能够以少胜多、以弱胜强，为民除害，从故事中我们可以看到人类拥有的智慧在发挥应有的作用之后所带来的巨大"效益"；也看到了作为"弱者"，如果善于利用自己的智慧，完全可以战胜对手。所以，牧童区寄故事、博弈学能够给我们带来自信，因为，在这个世界上，很多博弈场合，博弈一方往往处于"弱势"，博弈双方实力是不对称的。但是，"弱势"、"弱者"并不是失败的代名词，区寄斗强盗就是一个很好的事例。

博弈的原理，对我们中国人来说，并不是陌生的理论。春秋时期的吴越争霸，勾践的卧薪尝胆和区寄斗毛贼何其相似。春秋时期，吴越都是江浙一带的小国，但吴国率先强大，吴王夫差曾经把越王勾践打得只剩下5000甲兵，躲在会稽山上惶惶不可终日。无奈之下，勾践忍辱负重，自愿入吴给夫差当奴才，以保全越国。骄傲的夫差答应了。勾践入吴给夫差当了3年马夫，夙兴夜寐，战战兢兢，毫无"二心"，最后终于让夫差"批准"回国。回国后的勾践，与民同甘共苦，每天晚上睡在柴火上，每天早上起来就舔舔苦胆，以示不忘失败的羞辱，经过"十年生聚，十年教训"，越国重新复兴，最后一举灭吴，成为春秋时期最后一任霸主。从此，"卧薪尝胆"成为以小胜大的博弈策略。

勾践的故事和区寄的故事何其相似，都属于以小胜大、以弱胜强的经典故事，都采用了"麻痹"对手、"分裂"对方的策略，最后都一举消灭对手，赢得博弈的最后胜利。从中可以看出，强和胜利、弱和失败不能划上必然的等号。弱小一方利用策略同样可以战胜强大的对手，赢得最后的胜利。

至于博弈论，如果仔细分析，就和我们古人所说的对弈意思相差无几，都是双方或者多方相互对峙，都分析彼此的实力，都力求获悉对方的信息，都根据对方的策略做出自己的相应策略，其最终目的都是为了赢得胜利。中国战国时期发生的"田忌赛马"的故事，就是一场非常有意思，也是非常明显的博弈。战国时齐国贵族风行赛马，齐王"财大气粗"，在和贵族田忌和王室其他成员的赛马中总是赢得胜利。田忌的高参，也就是后来著名的军事家孙膑看到田忌的马和齐王的马同样骏美，只是每个档次的马就相差那么一点点，于是让田忌用自己的上等马对齐王的中等马；用中等马对齐王的下等马；用下等马对齐王的上等马，最后三战而二胜，不仅赢得了齐王的千金，也让齐王看到了孙膑的智慧。孙膑的这种策略，就是一种博弈，只是中国人没有进行系统发掘和理论总结，而仅仅把它当作一种对弈的游戏。无怪我们看到西方人提出的博弈时，会感到分外地亲切和熟悉，因为，从博弈的一整套理念到实践，我们的先民无论是上层的贵族，还是下层的放牛娃，都已经在他们的生活中广泛运用。

其次，博弈学可以给我们带来更多的理性。在区寄的故事中，作为博弈中的强者，两位强盗为什么最后赔了夫人又折兵，买卖没做成，反而送了卿卿性命。浅而言之是利令智昏，仔细分析则是缺乏理性思考。撇开道德因素不谈，他们贩卖人口，绑架小孩出卖，从而获得利润，也是以最小的成本获取最大的利润，这是理性的。但把自己的"快乐"建立在别人的"痛苦"上，这显然是非理性的，他们忘了"走多了夜路总会撞见鬼"的俗语，所以这种"快乐"是不会长久的，可惜强盗们"顺风顺水"的买卖做多了，根本察觉不到可能遇到的危机，区寄的示弱，更让他们得意忘形。可当区寄杀死一名绑匪而再次落入第二名绑匪手中的时候，绑匪也曾一度惊恐，但区寄的一席话，又让这位"仁兄"陷入了对金钱的憧憬，把区寄这个"小杀手"带在身边，还要从区寄身上获取最大利润，这显然是"利令智昏"，最后死于牧童之手，也算死得其所。我们说，强盗犯的致命错误是做出了不理性的决策和判断，做起了没本钱的买卖，甚至在感受到生命危机的时候，还是被金钱所困，这是我们大多数人都容易犯的错误。而区寄从一开始就是理性的，无论他"扮猪吃象"还是"巧言令色"，他的目的就是一个，保护自己不受伤害。在正确目标和理性指导下，他的每一个环节、每一个步骤都是"三思而后行"，所以他赢得了博弈的最后胜利。

最后，博弈给我们带来的是对纳什均衡的思考。纳什均衡理论告诉我们，根据对方的策略，采取对自己看似最有利的策略，最后的结果往往不是对双方都是最好的结果，甚至是最坏的结果。其中的缘由就是每个人都是从自己角度出发的，从个人利益考虑的，而个人利益往往和整体利益不是绝对一致的。类似《童区寄传》中的这种"一边倒"的博弈在现实生活中也是屡见不鲜，但博弈最重要的目标是追求一种均衡，使博弈各方形成某种程度的平衡，如果说类似区寄斗毛贼、吴越争霸这种博弈中的一方要么全赢、要么全输的结局也算一种均衡，这只是一种特殊的均衡，是一种蕴藏巨大风险的均衡。因为作为"全输"的一方，在意识到自己即将"全输"的时候，极容易爆发巨大的"破坏力"，毁掉自己所拥有的一切，使试图"全赢"的一方也付出巨大的代价，从而形成另外一种形式"均衡"。例如吴越争霸中，吴王夫差在会稽山之围中之所以接受勾践的投降，是面临这样一种选择：如果不接受投降，率领最后的人马决一死战。那么就把国家财富全部毁掉了，夫差一方面贪恋财富，一方面也顾忌对方拼个鱼死网破，于是答应了勾践的投降，这在某种意义上是正确的。所以，理性博弈者在要"全盘胜利"的时候，也要给对手一条出路，保住对方最低限度的利益，在此基础上形成均衡。但纳什均衡的原理又告诉我们，很大程度上我们自己认为采用了理性的博弈策略，实际上却是不理性的。例如：现实生活中种种价格大战、环境污染、资源开发和利用，博弈方都认为做了充分的理性思考，但结果往往出乎各方意料之外，往往形成种种尴尬的纳什均衡。所以，如何在博弈中形成一种理性的均衡，是任何参与博弈方必须认真思考的问题。

用博弈解决生活中的难题

许多成语及成语典故，都是对博弈策略的巧妙运用和归纳。如围魏救赵、背水一战、暗度陈仓、釜底抽薪、狡兔三窟、先发制人、借鸡生蛋，等等。当然，博弈策略的成功运用还需依赖一定的环境、条件，在一定的博弈框架中进行。

人们常提到的"上有政策、下有对策"，其实就是对管理者与被管理者之间的动态博弈的一种描述。面对上级的政策，下级寻求对策是正常的、必然的。从博弈论的角度讲，上级的政策制定必须在考虑到下级可能会有的对策的基础上进行，否则，政策就不会是科学、合理的。

博弈论在古代已经得到了广泛的应用，而现在的博弈论思维更是应用到了生活的方方面面，比如下面这个例子就是用博弈论解决了生活的难题——怎样与朋友分摊房租问题。

刚到美国的中国留学生大都是 2 人或 3 人合租公寓的，这就有个分房租的问题。通常都是互相商量一下，双方都认为比较合理就行了。这种办法一般都能行得通，但最多也就是"比较合理"，很少有人以为自己占了便宜，相反的情形倒是不少见。人们在谈起钱来时都有几分不好意思，一般是推了半天一个人先说个意见，另一个如果觉着跟自己想的相差不远就可以了。

有个人去美国留学，用博弈论想了一个合理的分摊房租的模型。按这一模型分租，每个人都觉着自己占了便宜，而且双方占了同样大小的便宜。最坏的情形也是"公平合理"。如果有谁吃亏了，那一定是他奸诈想占便宜没占到，因此他吃亏也是说不出口的。模型如下：

A 和 B 二人决定合租一套两室一厅公寓，房租费每月 550 元。1 号房间是主卧室，宽敞明亮，屋内套一单独卫生间。2 号房间相对小一些，用外面的卫生间，如果有客人来当然也得用这个。A 的经济条件稍好，B 则穷困一些。现在怎么分摊这 550 元的房租呢？按照模型的第一步，A 和 B 两人各自把自己认为合适的方案写在纸上。A_1、A_2、B_1、B_2 分别表示两人认为各房间合适的房租。显然，$A_1+A_2=B_1+B_2=550$。

第二步，决定谁住哪个房间。如果 A_1 大于 B_1（必然 B_2 大于 A_2），则 A 住 1 号 B 住 2 号，反之则 A 住 2 号 B 住 1 号。比如说，$A_1=310$，$A_2=240$；$B_1=290$，$B_2=260$（可以看出，A 宁愿多出一点儿住好点儿，而 B 则相反），所以 A 住 1 号，B 住 2 号。

第三步，定租。每间房间的租金等于两人所提数字的平均数。A 的房租 $=(310+290)/2=300$，B 的房租 $=550-300=(240+260)/2=250$。结果：A 的房租比自己提的数目小 10，B 的房租也比自己愿出的少了 10，都觉得自己占了便宜。

分析：

1. 由于个人经济条件和喜好不同，两人的分租方案就会产生差别，按照普通的办法就不好达成一致意见。在模型中，这一差别是"剩余价值"，但被两人半儿劈分红了，意见分歧越大，分红越多，两人就越满意。最差的情形是两人意见完全一致，谁也没占便宜没吃亏。

2. 说实话绝不会吃亏，吃亏的唯一原因是撒谎了。假定 A 的方案是他真心认为合理的，那么不论 B 的方案如何，A 的房租一定会比自己的方案低。对 B 也是一样。

什么样的情形 A 才会吃亏呢？也就是分的房租比自己愿出的为高。举一例，A 猜想 B_1 不会大于 280，所以为了分更多的剩余价值，他写了 $A_1=285$，$A_2=265$，那他只能住 2 号房间，房租是 262.5，比他真实想出的房租多了 22.5！可他是因为想占便宜没说实话才吃了哑巴亏的。

3. 从博弈论上分析这一模型可以看出，说实话不一定是最佳对策，特别是对对方的偏好有所了解的情况下。但是说实话绝不会吃亏，不说实话或者吃亏，或者分更多的剩余价值。

4. 三人以上分房也可用此模型，每间屋由出最高房租者居住，房租取平均值。

这种看似复杂实则简单的博弈思维的训练，却可以帮助我们解决实际的生活难题，如果不用博弈论来解决分房子问题，则必然导致分担不均。经过博弈策略的选择，达到了使各方均衡的多赢局面。

第三章

博弈论中的重要规则：

在规则的围城里如何生存

纳什均衡：两败并不俱伤

纳什均衡是博弈的结果，也是博弈双方的最优选择。"斗鸡"博弈存在纳什均衡，混合策略中也存在纳什均衡，我们选择了纳什均衡，也就等于采用了占优策略。

什么是纳什均衡

纳什均衡是指这样一种均衡：在这一均衡中，每个博弈参与人都确信，在给定其他参与人战略决定的情况下，他选择了最优战略以回应对手的战略。也就是说，所有人的战略都是最优的。

在知道对方策略的前提下，寻找一个合理的策略，而这个合理的策略，势必要建立在一个牢固的基点之上，才能切实可行。这样就达到了一个纳什均衡。

《红楼梦》里面形容四大家族的时候，用过一个评语，叫作"一荣俱荣，一损皆损"，就是因为这四个家族你中有我，我中有你，相互之间有利益的合作，也有亲缘关系，所以结成一个牢固的联盟。同样，如果两个同时处在困境中的人，也有这种利益—亲缘的双重关系，他们合作起来就会更加容易，而且形成的合力就会更大，正所谓"二人同心，其利断金"。而要做到"同心"，合作是不够的，还需要一种近乎亲情的亲缘关系。显然，这是可遇而不可求的，因为亲缘关系不是能够随便形成的。在红楼的家族里属于合作性的博弈，牵一发动全身，都是相关的，他们彼此都知道其他人的策略，并且自己选择和他们合作的策略，所以红楼里四大家族联合成一体，从而不会产生不知道对方策略的困境，而恰好是每次选择都是一个纳什均衡，比如薛蟠打死人后，贾府的庇护，贾与薛家的选择就成了一个纳什均衡。

纳什均衡的意义

纳什均衡是人们用来分析从商业竞争到贸易谈判种种现象的有力工具，是对博弈论的重大发展，甚至可以说是一场革命。

首先，纳什均衡对亚当·斯密的"看不见的手"的原理提出挑战。按照亚当·斯密的理论，在市场经济中，每一个人都从利己的目的出发，而最终全社会达到利他的效果。

亚当·斯密认为："通过追求自身利益，人们常常会比其实际上想做的那样更有效地促进社会利益。"从"纳什均衡"我们引出了"看不见的手"的原理的一个悖论：从利己目的出发，结果损人不利己，既不利己也不利他。两个囚徒的命运就是如此。从这个意义上说，"纳什均衡"的悖论实际上动摇了西方经济学的基石。

诺贝尔经济学奖获得者萨缪尔森有句名言：你可以将一只鹦鹉训练成经济学家，因为它所需要学习的只有两个词：供给与需求。博弈论专家坎多瑞引申说：要成为现代经济学家，这只鹦鹉必须再多学一个词，这个词就是"纳什均衡"。

对于"纳什均衡"我们还可以悟出这样一条真理：合作是有利的"利己策略"。但它必须符合以下条件：按照你愿意别人对你的方式来对别人，但只有他们也按同样方式行事才行。也就是我们所说的"己所不欲，勿施于人"。但前提是人所不欲，勿施于我。其次，"纳什均衡"是一种非合作博弈均衡，在现实中非合作的情况要比合作情况普遍。所以"纳什均衡"是对冯·诺依曼和摩根斯坦的合作博弈理论的重大发展，甚至可以说是一场新的革命。

从"纳什均衡"的普遍意义中，我们可以深刻领悟到司空见惯的日常生活中的博弈现象。

作为理性人，比如现实中的许多争吵，大到国家间的领土争端，小到人与人之间的鸡毛蒜皮的小事，很大一部分都是博弈双方的纳什均衡。这种争吵或者由于一方认为不公平造成，或者由于双方均认为不公平造成。

曾有这样一个故事：杰克和吉姆结伴旅游。经过长时间的徒步，到了中午的时候，杰克和吉姆准备吃午餐。杰克带了 3 块饼，吉姆带了 5 块饼。这时，有一个人路过，路人饿了，杰克和吉姆邀请他一起吃饭，路人接受了邀请。杰克、吉姆和路人将 8 块饼全部吃完。吃完饭后，路人感谢他们的午餐，给了他们 8 个金币，路人继续赶路。

杰克和吉姆为这 8 个金币的分配展开了争执。吉姆说："我带了 5 块饼，理应我得 5 个金币，你得 3 个金币。"杰克不同意："既然我们在一起吃这 8 块饼，理应平分这 8 个金币。"杰克坚持认为每人各 4 块金币。为此，杰克找到公正的夏普里。

夏普里说："孩子，吉姆给你 3 个金币，因为你们是朋友，你应该接受它；如果你要公正的话，那么我告诉你，公正的分法是，你应当得到 1 个金币，而你的朋友吉姆应当得到 7 个金币。"

杰克不理解。

夏普里说："是这样的，孩子。你们 3 人吃了 8 块饼，其中，你带了 3 块饼，吉姆带了 5 块，一共是 8 块饼。你吃了其中的 1/3，即 8/3 块，路人吃了你带的饼中的 3-8/3=1/3 块；你的朋友吉姆也吃了 8/3，路人吃了他带的饼中的 5-8/3=7/3 块。这样，路人所吃的 8/3 块饼中，有你的 1/3 块，有吉姆的 7/3 块，所以公正的是你只能得一块金币。这种分法符合纳什均衡的原则，按这样来分，你只能得一个金币。"经夏普里这样一说，杰克也不再嚷着多分了。最后杰克与吉姆达成协议，杰克只要了 3 个金币。经过双方的博弈，双方的选择符合纳什均衡，因为杰克再多要一个金币，吉姆就不平衡了，而吉姆再多要一个金币，杰克也不平衡了。所以杰克 3 个金币、吉姆 5 个金币是双方的最佳选择。

◉ 囚徒困境：囚犯的两难选择

囚犯面对审讯，总是出卖同伙以求自保，于是囚犯陷入了困境，因为每个人都按自己的利益原则做事，即使夫妻之间也不能避免。丈夫与妻子往往"小吵"不断，要摆脱这种囚徒困境的局面，寻得博弈双方利益的一致，只有合作。

囚犯的两难选择

有一个让人耳熟能详的故事：

有一天，一位富翁在家中被杀，财物被盗。警方在此案的侦破过程中，抓到两个犯罪嫌疑人，斯卡尔菲丝和那库尔斯，并从他们的住处搜出被害人家中丢失的财物。但是，他们矢口否认曾杀过人，辩称是先发现富翁被杀，然后顺手牵羊偷了点儿东西。于是警方将两人隔离，分别关在不同的房间进行审讯，由地方检察官分别和每个人单独谈话。检察官说："由于你们的偷盗罪已有确凿的证据，所以可以判你们 1 年刑期。但是，我可以和你做个交易。如果你单独坦白杀人的罪行，我只判你 3 个月的监禁，但你的同伙要被判 10 年刑。如果你拒不坦白，而被同伙检举，那么你就将被判 10 年刑，他只判 3 个月的监禁。但是，如果你们两人都坦白交代，那么，你们都要被判 5 年刑。"斯卡尔菲丝和那库尔斯该怎么办呢？他们面临着两难的选择——坦白或抵赖。显然最好的策略是双方都抵赖，结果是大家都只被判 1 年。但是由于两人处于隔离的情况下无法串供，所以，假设每一个人都是从利己的目的出发，他们选择坦白交代则是最佳策略。因为坦白交代可以期望得到很短的监禁——3 个月，但前提是同伙抵赖，显然要比自己抵赖而坐 10 年牢好。这种策略是损人利己的策略。不仅如此，坦白还有更多的好处。如果对方坦白了而自己抵赖了，那自己就得坐 10 年牢。太不划算了！因此，在这种情况下还是应该选择坦白交代，即使两人同时坦白，至多也只判 5 年，总比被判 10 年好吧。所以，两人合理的选择是坦白，原本对双方都有利的策略（抵赖）和结局（被判 1 年刑）就不会出现。

假如他们在接受审问之前有机会见面谈清楚，他们一定会决定拒不认罪。不过，接下来他们很快就会意识到，无论如何，那样一个协定也不见得管用。一旦他们被分开，审问开始，每个人内心深处那种企图通过出卖别人而换取一个更好判决的想法就会变得非常强烈。这么一来，他们还是逃脱不了最终被判刑的命运，这就是博弈论里经典的囚徒困境的例子，又被称为囚犯的两难选择。

其实，许多人、许多企业，乃至许多国家，都曾经吃过囚徒困境之苦。看看生死攸关的核军备控制问题吧。每个超级大国最希望看到的结果都是另一个超级大国销毁核武器，而它自己则继续保留核武器，以防万一。最糟糕的结果莫过于自己销毁核武器，而别人却依旧全副武装。因此，无论另一方怎么做，自己一方仍然倾向于保留核武器。不过，它们双方也有可能一致认为，双方同时销毁核武器的结果会比一方销毁而另一方不销毁的结果更好。现在的问题在于决策之间的相互依赖性：双方一致希望看到的结果出现在各方都选择可能对自己不利的策略的时候。假如各方都有很明确的想法，打算突破有关协定，私底下发展自己的核武器，还有没有可能达成各方一致希望看到的结果呢？在这种情况下，只有其中一方进行思维方式的根本改变，才能推动世界回到裁减核军备的轨道上去。

囚徒困境的故事还体现了另一个普遍的现象：大多数经济的、政治的或社会的博弈游戏都跟类似橄榄球或扑克这样的博弈游戏不同。橄榄球和扑克是零和博弈：一个人的得就是另一个人的失。但在囚徒困境里，有可能出现共同利益，也有可能出现利益冲突。与此相仿，在劳资双方的讨价还价中，虽然存在利益冲突，一方希望降低工资，而另一方要求提高工资，不过，大家都知道，假如谈判破裂而导致罢工，双方都将遭受更大的损失。任何一个关于博弈的有用的分析，都应该考虑到怎样处理冲突与利益同时存在的情形。我们通常将博弈游戏的参加者称为"对立者"，不过，你也要记住，有时候，策略可能将原本毫不相干的人变成一条绳上相互依存的两只蚂蚱。

那么如何才能摆脱囚徒困境呢？在下面的章节，我们还将探讨一些类似的方法，以及这些方法何时奏效，又是怎样发挥作用的。

囚徒困境下的利益原则

之所以会产生囚徒困境，是因为在囚徒困境的博弈中，每个局中人都以利益原则为第一参考因素。利益因素是人的本性，因为每一个人在博弈过程中都是自私的，甚至为了自己的私利，不惜一切代价，有句俗话叫"为达目的，不择手段"，说的就是这个意思。正是因为人的自私性，所以会在诸多事情上遇到囚徒困境的难题。因为每个人在涉及利益的根本问题时，往往不考虑别人，只考虑自己。人性对自己的考虑有时会冲出道德的底线，甚至让我们震惊。

以唐朝女皇武则天为例。武则天虽然是唐太宗李世民的才人，但因其美貌可人却深得太子李治的欢心。唐太宗临死之际，武则天不得不到感业寺做了尼姑。唐太宗死后3年，王皇后与萧淑妃争风吃醋，皇后想借武则天的魅力扳倒萧淑妃，所以便劝唐高宗李治把武则天再度接回宫里。

王皇后接武则天回宫也是为了自己的私利，她与萧淑妃的博弈中，谁也不肯与对方合作，以至于到了必须要把一方扳倒的局面，而此时的武则天成了王皇后博弈的一颗棋子。武则天既然参加到游戏之中，以她的个性，绝不居于人下。武则天开始代替萧淑妃成了这场宫廷博弈的局中人之一。

武则天聪明伶俐，对王皇后谦卑有礼，对唐高宗百般逢迎，不久被封为昭仪。王皇后想挤掉萧淑妃的意图也就很快实现了。但是，武昭仪既已扳倒了萧淑妃，接下来的一个目标便是要扳倒王皇后了。为了扳倒王皇后，武则天可谓费尽心机，最后竟以自己的亲生女儿的性命做赌注，来达到自己的目的。

利益驱使着每一个局中人不讲任何亲情，只是想一心实现自己的目标，尤其是武则天，可以说她就是一个理性经济人。

王皇后性情暴躁，对宫女们要求严厉。其母亲柳氏因贵为皇后之母，出入后宫毫不顾忌礼节，因此宫女们多有怨言。而武则天又总是乘机笼络王皇后的侍者，使这些侍者向武则天靠拢。宫人甘做武氏耳目爪牙，王皇后的一举一动，便都在武昭仪的掌握之中。无奈不论武则天怎样巧舌如簧，夸大皇后过错，劝高宗废掉王皇后，唐高宗始终不肯听从。因为唐高宗虽不喜欢王皇后，但绝无废后念头。机敏的武则天开始明白，劝说高宗废后是不明智的，必须让他亲自做出决定。

公元654年，武昭仪怀胎十月，满望生个儿子好继大统，不料生下的竟是个女儿。大失所望之后，武昭仪忽然想出了一个让唐高宗自己推断、下决心废掉王皇后的计策来。

一日，武昭仪在宫中闲坐，忽报皇后驾到。武氏便叫过宫女密嘱数语，自己却闪入侧室躲着。王皇后见武氏不在，便坐下等候，蓦听床上婴儿啼哭，就抱起来哄了一阵，待婴儿又睡着后才放回床上，离宫回到自己住处。

武则天见皇后已回，就从侧室出来，偷偷走到床前，咬牙将女儿掐死。

唐高宗每日退朝，必至武氏处谈情。不一会儿，即有使者来报皇帝驾临。武氏与平日一样，采花恭迎，谈笑献媚。过了一会儿，唐高宗对着床问武氏："女儿还在熟睡？"武氏故意回答说："熟睡已多时，现在该让她醒过来了。"便令侍女去抱起来。

那侍女启被一瞧，吓得半晌说不出话来。武氏故意催促："莫非还在熟睡？赶快抱起便醒了！"那侍女才说了个"不"字，武氏故意装作不解，自己前去抱孩子，手还未碰及女婴，口中却已号哭起来。

唐高宗被弄得莫名其妙，走近床去仔细察看，才知道那活泼泼的宝贝女儿已变作一个死孩子，高宗难过得泪流满面。

武氏故意哭着问侍女道："我往御花园采花，不过片刻工夫，好好的一个女孩，怎会被闷死？莫非你们与我有仇，谋死我女儿么？"

众侍女慌忙跪下，齐称不敢。

武氏又道："你等若都是好人，难道有鬼来谋命么？"

众侍女这才恍然大悟，一片声道："只有正宫娘娘到此来过，婴儿啼哭时她还抱起来哄逗了一会儿。小孩没声息时她才走。"

武氏顿时哭得泪人儿一般，慨叹自己命苦。唐高宗却已坚信王皇后下毒手谋杀了自己的亲生女儿，断然决定要废去王皇后。这时，武氏又故意说："废后是件大事，陛下不可随便决定，尚需与大臣们好好商议。王皇后只是对妾不满，宁可逐妾也不能废后呀！"

然而，唐高宗自己推断的事，哪是他人可劝回的呢？他对武氏说："朕意已决，卿勿再言！"

武氏表面一片茫然，内心却通明剔透，无比高兴……

中国是一个最重视伦理道德的国家，儒家一贯提倡父慈子孝、兄友弟悌，甚至还要扩展到政治领域，便是"忠"。历史统治者也大多标榜以孝治国，有的皇帝谥号之前总要加个"孝"字，如孝武帝等。可是，这种道德说教，在利益面前，有时仍显得苍白无力。

在博弈游戏中，利益本是无情物，化作利剑不认亲。

囚徒策略与懦夫困境

一旦陷入"囚徒困境"，任何一方都无法独善其身，即使双方都有合作意愿，也很难达成合作。从一个故事的角度，我们会为两个囚徒不能合作而遗憾。然而在现实生活中，我们都巴不得他们互相指认，否则罪犯就逃脱了法律制裁；商家如果通过合谋控制物价，我们的生活水平就要打折扣。有一利必有一弊，其实我们完全可以把囚徒困境作为自己的一种行为策略。

现在我们作个假设，你正作为一名士兵身处第一次世界大战的战场。你们在战场上遇到了敌军。假设你们都不怎么爱国，那么活命是你的最高目标。

在战斗打响时，避免成为炮灰的最好办法就是逃跑，让其他人留下来战斗。

当然，假如你这边的其他人也跟着逃跑，那么你的逃跑就更显得明智了，因为当敌军打到你们这边时，你一定不希望只剩下自己在战斗。

因此，不管其他人怎么做，逃跑都是你所能采取的最佳策略。

但是，假如你这边的每个人都逃跑，那么你们大概就只有全军覆没了。

在这种情况下，类似囚徒困境的"懦夫困境"就出现了。

假如你这边的每个人都逃跑，敌军就很容易把你们一举擒获并加以歼灭。因此，与其每个人都逃跑，不如每个人都留下来更有利。

就个人而言，懦弱一点比较有利；就团体而言，勇敢一点对大家都好。部队自有打破这个懦夫困境的方法：在大部分的军队中，假如有士兵在战斗时逃跑，会被就地正法。因此，退缩就会被枪毙的压力反而对士兵更有帮助，因为这等于帮他们破解了懦夫困境。

古罗马有这样的军规，军队排成直线向前推进的时候，任何士兵，只要发现自己身边的士兵开始落后，就要立即处死这个临阵脱逃者。为使这个规定更可靠，未能处死临阵脱逃者的士兵也会被判处死刑。这么一来，一个士兵宁可向前冲锋陷阵，也不愿意回头捉拿一个临阵脱逃者，否则就有可能赔上自己的性命。

罗马军队这一军规的精神直到今天仍然存在于西点军校的荣誉准则之

中。该校的考试无人监考，作弊属于重大过失，作弊者会被立即开除。不过，由于学生们不愿意"告发"自己的同学，学校规定，发现作弊而未能及时告发，同样违反荣誉准则，也会被开除。所以一旦发现有人违反荣誉准则，学生们就会举报，因为他们不想由于自己保持缄默而成为违规者的同伙。

◉ 零和与非零和：互利互惠才能双赢

在博弈中，一方得利必然来自另一方的损失，这叫零和博弈。这种博弈不利于人们的合作和长期相处。而在博弈中双方都受到损失的博弈叫负和博弈，这种博弈更是极不明智的。最好的博弈结果应该是双赢的局面，称之为"正和博弈"。负和博弈与正和博弈都叫非零和博弈。在博弈中，我们力求避免负和结果与零和结果，而要达到共赢的结果。

有赢有输的零和博弈

零和游戏，就是零和博弈，是博弈论的一个基本概念，意思是双方博弈，一方得益必然意味着另一方吃亏，一方得益多少，另一方就吃亏多少。之所以称为"零和"，是因为将胜负双方的"得"与"失"相加，总数为零。

零和博弈属于非合作博弈。在零和博弈中，双方是没有合作机会的。各博弈方决策时都以自己的最大利益为目标，结果是既无法实现集体的最大利益，也无法实现个体的最大利益。零和博弈是利益对抗程度最高的博弈，甚至可以说是你死我活的博弈。

在社会生活的各个方面都能发现与"零和游戏"类似的局面，胜利者的光荣后面往往隐藏着失败者的辛酸和苦涩。从个人到国家，从政治到经济，到处都有"零和游戏"的影子。

前不久，一群年轻人在一家火锅城为朋友过生日，其中有一个年轻人拿着自己已吃过了的蛋饺要求更换，由于火锅城有规定，吃过的东西是不能换的，所以遭到拒绝，双方因此发生冲突，打了起来。

最后，火锅城因为人多势众的优势打败了那几个青年人，可以说博弈的结果是火锅城的一方赢了，而实质上，他们真的赢了吗？从长远来看，他们并没有赢。这就是人际博弈中的"零和博弈"，这种赢方的所得与输方的所失相同，两者相加正负相抵，和数刚好为零，也就是说，他们的胜利是建立在失败方的辛酸和苦涩上的，那么，他们也将为此付出代价。还以此为例，虽然火锅城一方的人赢了，但从实际出发，不是从单一的因素出发，而是要从复杂的全面的实际出发，去具体分析每一个事实，不难发现，火锅城的生意也会因此造成影响，传出去就会变成"这家店的服务真是太差劲了，店员竟敢打顾客，以后再也不来这里了"，"听说没有，这家店的人把顾客打得可不轻啊，以后还是少来这里了"，"什么店，竟打人，做得肯定不怎么样"，等等。

其实，邻里之间也存在博弈，而博弈的结果，往往让人难以接受，因为它也是一种一方吃掉另一方的零和博弈。

在一个家属院里住着四五家人，由于平时太忙，邻里之间就如同陌生人一样，各家都关着门过着平静的生活。但不久前，这个家属院热闹了，原因是，有一家的大人为家里的女儿买了一把小提琴，由于小女孩没有学过提琴，但又喜欢每天去拉，而且拉得难听极了，更要命的是小女孩还总挑人们午休的时候拉，弄得整个家属院的人都有意见。于是矛盾便产生了，有性格直率的人直接找上门去提意见，结果闹了个不欢而散，小女孩依然我行我素。大家私下里议论纷纷，有年轻人发狠说，干脆一家买一个铜锣，到午休的时候一齐敲，看谁厉害。结果，几家人一合计，还真那样做了。结果合计的几家人，终于让那个小女孩不再拉提琴了。尔后的几天，小女孩见了邻居，更是如同见了仇敌一样。小女孩一直认为，是这些人使她不能再拉小提琴的。邻里关系更是糟糕极了。

可以说，这个典型的一方吃掉另一方的零和博弈是完全可以避免的。对于这件事，其实双方都有好几种选择。对于小女孩这一家来说：其一，他们可以让女儿去培训班参加培训；其二，在被邻居告知后，完全可以改变女儿拉提琴的时间；其三，也就是在被邻居告知后，不去理会。而其邻居也有如下选择：其一，建议这家的家长，让小女孩学习一些有关音乐方面的知识；其二，建议他们让小女孩不要午间休息拉琴；其三，以其人之道，还治其人之身。

看其结果，双方的选择很令人遗憾，因为他们选择了最糟糕的方案。很多事实证明，在很多时候，参与者在人际博弈的过程中，往往都是在不知不觉做出最不理智的选择，而这些选择都是人们从自我的利益出发而做出的，要么是零和博弈，要么是负和博弈，总之都是非合作性的对抗博弈。

两败俱伤的"负和博弈"

负和博弈是博弈局中人都得不到好处，彼此受到损害的博弈。可以说，负和博弈是当事人最不明智的选择。我们由下面一则故事引出负和博弈的概念。

在很久以前，北印度有一个木匠，技艺高超，擅长以木头做成各式人物，所做女郎，容貌艳丽，穿戴时尚，活动自如，并能斟茶递酒，招呼客人与真人无异，非常神奇。唯一不足之处就是不能说话。

当时，在南印度有一位画师，画技非常了得，所画人物，栩栩如生。有一次，画师来到北印度，木匠久闻此画家大名，意欲宴请他，于是备好酒菜，请画师来家做客，又让自己所做的木女郎斟酒端菜，招呼十分周到。画师见此女郎秀丽娇俏，心生爱恋。木匠看在眼里，故作不知。

在酒酣饭饱之后，天色已经很晚了，于是，木匠便要回去自己的卧室，临走时，他故意将女郎留下，并对画师说："留下女郎听你使唤，与你做伴吧！"客人听了非常高兴。等主人走后，画师见女郎伫立灯下，一脸娇羞，越发可人，便叫她过来，但是女郎不吭声，没有动静，画师看她害羞，便上前用手拉她，这才发觉女郎是木头人，顿自觉惭愧，心念口言说："我真是个傻瓜，被这木匠愚弄了！"画师越想越生气，并想办法报复，于是他在门口的墙上，画了一幅自己的像，穿着完全与自己的一模一样，并画了一条绳在颈上，像是上吊死去的样子，又画了一只苍蝇，叮在画中人的嘴上。画好像后，他便躲在床底下睡觉去了。

等到第二天早上，主人见画师久久没有出来，看见画师门户紧闭，叩门又没有人，于是，透过门窗缝隙向内望去，赫然看到画师上吊了。惊恐万分的木匠，马上撞开门户，用刀去割绳子，但等割的时候，才发现原来只是一幅画而已，这木匠很是恼火，一气之下，打了画师。

可以说这是一个典型的人际负和博弈，本应皆大欢喜的事情，却以两败俱伤的尴尬局面为结局。我们不妨从头分析一下整个事件的原委：由于画师不知女郎是木头所做，见其秀丽，便心生爱恋，而如果此时木匠能告诉他事实，画师就不会去动女郎；即使木匠故意作弄画师，如果画师在知道真相后，不去报复木匠，那么也不会引起木匠的惊慌。不管怎么说，此两人的做法都是不可取的，这样的结果只能使他们因为两败俱伤而不再交往。换句话说，如果他们彼此欣赏，而不是彼此戏弄，那么这场争斗也就不会发生了。结果，你一刀，我一剑，本是非常好的两个大师级人物，采用戏弄的手法互相炫耀本领而伤了彼此的和气。

事实上，由于人类所过的是群体生活，人只要生活在这个社会里，就离不开与他人的交往，而这就形成了一种特定的关系——人际关系。其实，它也是一种利益关系，因为人要追求物质和精神两方面的满足，也因此，在追逐的时候，就会产生相互间的矛盾和冲突，而冲突的结果就是一种博弈关系。"负和博弈"就是其中的一种。

从总体上来看，所谓的负和博弈，就是指双方冲突和斗争的结果，是所得小于所失，就是我们通常所说的其结果的总和为负数，也是一种两败俱伤的博弈，结果双方都有不同程度的损失。

比如在生活中，兄弟姐妹之间相互争东西，就很容易形成这种两败俱伤的负和博弈。一对双胞胎姐妹，妈妈给她们两人买了两个玩具，一个是金发碧眼、穿着民族服装的捷克娃娃，一个是会自动跑的玩具越野车。看到那个捷克娃娃，姐妹俩人同时都喜欢上了，而都讨厌那个越野车玩具，她们一致认为，越野车这类玩具是男孩子玩的，所以，她们两个人都想独自占有那个可爱的娃娃，于是矛盾便出现了。姐姐想要这个娃娃，妹妹偏不让，妹妹也想独占，姐姐偏不同意，于是，干脆把玩具扔掉，谁都别想要。

姐妹俩互不让步，最后，干脆扔掉玩具，谁都别想得到，这样造成的后果是：其中一方的心理不能得到满足，另一方的感情也有疙瘩。可以说，双方都受到损失，双方的愿望都没有实现，剩下的也只能是姐妹关系的不和或冷战，从而对姐妹间的感情造成不良的影响。

由此我们不难看出，交际中的"负和博弈"使双方交锋的结果是都没有所得，或者所得到的小于所失去的，其结果还是两败俱伤。使双方受挫的"负和博弈"，只能加大双方的矛盾和抵触，使双方失和。如果交际中发生"负和博弈"，那么，一般情况下人们都会因为两败俱伤而不再交往或反目成仇。

有这样两个人，一个人很有钱，却不善于交际，而另一个人缺少资金，但在人际关系方面很善于疏通，是个交际神通。

有一天，这两个人碰到了一起，并聊得相当投机，有一种相见恨晚的感觉。于是，两人决定合伙做生意。有钱的人出资金，善于交际的人疏通关系。经过两人的共同努力，他们的生意很是红火，事业也越做越大。

此时，那个善于交际的人起了歹心，想自己独吞生意。于是，他便向那个出资金的人提出，还了合伙时的那些资金，这份生意算他一个人的了。当然，那个出资的人肯定不会愿意，因此，双方开始了长时间的僵持，矛盾也越来越尖锐，最后，这件事也只有让法院来解决。

不过，那个善于交际的人在两人开始做生意的时候，便已经给对方下了套，在登记注册时，他只注册了他一个人的名字，虽然那个出资金的人是原告，但却因为那个善于交际的人早就下好了套，使得出资人最终输了官司，眼睁睁地让那个善于交际的人独吞了生意而无能为力。那个不善于交际的人一怒之下把善交际的人的货物全烧了，结果两个人谁也没捞到好处。

这个事例就是典型的"负和博弈"，因此，对于人际关系，我们一定要本着利人就是利己的态度，不能见利忘义。

互利互惠的"正和博弈"

正和博弈，与负和博弈不同，顾名思义，是一种双方都得到好处的博弈。正和博弈通俗地说，就是指双赢的结果，比如我们的贸易谈判基本上都是正和博弈，也就是要达到双赢。双赢的结果是通过合作来达到的，必须是建立在彼此信任基础上的一种合作，是一种非对抗性博弈。双赢的博弈可以体现在各个方面，商场上双赢的合作博弈是用得最充分的一种。

合作并不是不要竞争，正相反，合作正是为了更好地竞争。世界范围内的激烈竞争，使企业逐步从纯粹竞争走向合作竞争，竞争的结果由"零和博弈"演变为"正和博弈"，实现各方都得到利益。在大多数情况下，合作可以带来企业真正意义上的竞争优势。传统竞争强调的是战胜对手，随着经济的融合度增强，现代竞争更强调竞争对手之间的合作。

在当今市场条件下，企业能否取得成功，取决于其拥有资源的多少，或者说整合资源的能力。任何一个企业都不可能具备所有资源，但是可以通过联盟、合作、参与等方式使他人的资源变为自己的资源，增加竞争实力。

金龙鱼是嘉里粮油旗下的著名食用油品牌，最先将小包装食用油引入中国市场。多年来，金龙鱼一直致力于改变国人的食用油健康条件，并进一步研发了更健康、营养的二代调和油和 AE 色拉油。

苏泊尔是中国炊具第一品牌，金龙鱼是中国食用油第一品牌，两者都倡导新的健康烹调观念。如果两者结合在一起，岂不是能将"健康"做得更大？

就这样，两家企业策划了苏泊尔和金龙鱼两个行业领导品牌"好油好锅，引领健康食尚"的联合推广，在全国 800 家卖场掀起了一场红色风暴……

我们首先对两大品牌做了详细的分析，发现两大品牌的内涵有着惊人的相似：

"健康与烹饪的乐趣"是双方共同的主张，也是双方合作的基础，如果围绕着这个主题，双方共同推出联合品牌，在同一品牌下各自进行投入，这样双方既可避免行业差异，更好地为消费者所接受，又可以在合作时透过该品牌进行关联。由于双方都是行业领袖，强强联合使得品牌的冲击力更加强大，双方都能从投入该品牌中获益。经过双方磋商，决定将联合品牌合作分为两个阶段：第一阶段为通过春节档的促销活动将双方联合的信息告之消费者；第二阶段为品牌升华期，即在第一阶段的基础上共同操作联合品牌。

活动正值春节前后，人们买油买锅的需求高涨。此次活动，不仅给消费者更多让利，让购物更开心，更重要的是，教给了消费者健康知识，帮助消费者明确选择标准。通过优质的产品和健康的理念，提升了国人的健康生活素质。所以这一活动一经推出，立刻获得了广大消费者的欢迎，不仅苏泊尔锅、金龙鱼油的销售大增，而且其健康品牌的形象也深入人心。

在这次合作中，苏泊尔、金龙鱼在成本降低的同时，品牌和市场得到了又一次提升：金龙鱼扩大了自己的市场份额，品牌美誉度得到进一步加强；而苏泊尔，则进一步强化了中国厨具第一品牌的市场地位。这正是正和博弈带来的双赢局面。

从以上的案例可以看出，合作营销，更多的是一种策略的思考，强调双方的优势互补，强强联合。通过大家的共同推动，获得更大的品牌效益。

非零和博弈的运用

通过前面三节的学习，聪明的你定会发现，为了使事情向着利己的方向发展，一定要注意非零和博弈的运用。

在小溪的旁边有三丛花草，并且每丛花草中都居住着一群蜜蜂。一天，小伙子看着这些花草，总觉得没有多大的用处，于是，便决定把它们除掉。

当小伙子动手除第一丛花草的时候，住在里面的蜜蜂苦苦地哀求小伙子说："善良的主人，看在我们每天为您的农田传播花粉的情分上，求求您放过我们的家吧。"小伙子看看这些无用的花草，摇了摇头说："没有你们，别的蜜蜂也会传播花粉的。"很快，小伙子就毁掉了第一群蜜蜂的小家。

没过几天，小伙子又来砍第二丛花草，这个时候冲出来一大群蜜蜂，对小伙子嗡嗡大叫道："残暴的地主，你要敢毁坏我们的家园，我们绝对不会善罢甘休的！"小伙子的脸上被蜜蜂蜇了好几下，他一怒之下，一把火把整丛花草烧得干干净净。

当小伙子把目标锁定在第三丛花草的时候，蜂窝里的蜂王飞了出来，它对小伙子柔声说道："睿智的投资者啊，请您看看这丛花草给您带来的利益吧！您看看我们的蜂窝，每年我们都能生产出很多的蜂蜜，还有最有营养价值的蜂王浆，这可都能给您带来很多经济效益啊，如果您把这些花草给除了，您将什么也得不到，您想想吧！"小伙子听了蜂王的介绍，心甘情愿地放下了斧头，与蜂王合作，做起了经营蜂蜜的生意。

在这场人与蜂的博弈中，面对小伙子，三群蜜蜂做出了3种选择：恳求、对抗、合作，而也只有第三群蜜蜂达到了最终的目的。

上面的例子告诉我们，如果博弈的结果是"零和"或"负和"，那么，对方得益就意味着自己受损或双方都受损，这样做的结果也只能是两败俱伤。因此，为了生存，人与人之间必须学会与对方共赢，把人际关系变成是一场双方得益的"正和博弈"，与对方共赢，而这样也是使人际关系向着更健康方向发展的唯一做法。

如何才能做到这一点呢？要借助合作的力量。

有这样一个关于人与人之间合作的例子。有一个人跟着一个魔法师来到了一间二层楼的屋子里。在进第一层楼的时候，他发现一张长长的大桌子，并且桌子旁都坐着人，而桌子上摆满了丰盛的佳肴。虽然，他们不停地试着让自己的嘴巴能够吃到食物，但每次都失败了，没有一个人能吃得到，因为大家的手臂都受到魔法师诅咒，全都变成直的，手肘不能弯曲，而桌上的美食，夹不到口中，所以个个愁苦满面。但是，他听到楼上却充满了愉快的笑声，他好奇地上了楼，想看个究竟。结果让他大吃一惊，同样的也有一群人，手肘也是不能弯曲，但是，大家却吃得兴高采烈，原来他们每个人的手臂虽然不能伸直，但是因为对面人的彼此协助，互相帮助夹菜喂食，结果使每个人都吃得很尽兴。

从上面博弈的结果来看，同样是一群人，却存在着天壤之别。在这场博弈中，他们都有如下的选择：其一，双方之间互相合作、达到各自利益；其二，互不合作，各顾各的，自己努力来获得利益。我们可以看出，在这场博弈中，也只有那些互相合作，相互帮助的人，才能够真正达到双赢，走向正和博弈。事实上，正和博弈正是一种相互合作，即非对抗性博弈。而对于人际交往来说，要想取得良好的效果，就应该采取这种非对抗性的博弈。

可以说，在这个世界上，没有一个人可以不依靠别人而独立生活。这本来就是一个需要互相扶持的社会，先主动伸出友谊的手，你会发现原来四周有这么多的朋友。在生命的道路上，我们更需要和其他人互相扶持，共同成长。

因此，在发生矛盾和冲突时，如果能从对方的利益出发，能从良好的愿望出发，便能使人际交往达到互利互惠的"正和博弈"状态。就是说，在人际交往中，要达到效益最大化，就不能以自己的意志作为和别人交往的准则，而应该在取长补短、相互谅解中达成统一，达到双赢的效果。

例如，夫妻之间的互利互惠，可以使彼此间的感情更亲密。曾有一对夫妻，妻子是个瘫子，丈夫是聋哑人，外人看来他们应该很不幸，但他们却生活得很幸福。譬如他们要去镇上买一些日用品，由于丈夫不会说话，当然不好交际，所以，在去镇上买东西的时候，这个聋哑丈夫一定会骑着三轮车，让妻子坐上，到了要买东西的地方，妻子便坐在三轮车上谈价钱购货物。更可贵的是，他们从来没有因为某件事情而发生过争吵，为什么呢？这倒不是因为他们有多大本领，而是因为他们能互相补充彼此之间的缺陷：妻子走路不方便，丈夫却有强健的身体；丈夫不会说话，妻子却有很好的口才。由于他们能取长补短，所以他们在一起仍生活得十分的美满。这种互利互惠的情况，便是"正和博弈"。

再比如，有这样一对夫妇，他们一生都没激烈地争论过，更不用说吵架了，在生活中他们更是默契、和谐。他们有一个共同的习惯，就是每天都要煮鸡蛋吃。不过，奇怪的是妻子在煮鸡蛋时，每次都是自己先吃了蛋白，而把蛋黄留给丈夫；而其丈夫每次煮鸡蛋时，便吃了蛋黄，把蛋白留给妻子。这似乎成了习惯，直到丈夫去世前，说自己想吃鸡蛋时，妻子便煮好了鸡蛋，首先剥掉了蛋白，将蛋黄给了丈夫，丈夫说，他想吃一次蛋白。妻子说，你不是喜欢吃蛋黄吗？丈夫摇摇头说，其实他并不喜欢吃蛋黄，只是看妻子爱吃蛋白，所以才每次都吃蛋黄的。这时，妻子也告诉了丈夫，其实，她本来爱吃的是蛋黄，只是因为见丈夫每次都愿意吃蛋黄，所以她每次才吃蛋白的。这个故事的确很美丽，读后让人为夫妻间的相敬如宾动容。其实，在交际中，如果遇到与交际对象发生冲突的时候，互相之间若能为对方着想，采取一种双方合作的态度，那么，就一定能避免交际中的对抗性博弈发生。

所以，为了短期胜利，建立共同利益，为了长远成功，建立良好关系，也就是拥有博弈中的双赢思维。拥有平等、互惠的思想，采取合作的态度，才能使人际关系呈现"正和"状态，并向着健康的方向发展，从而收到良好的交际效果。

如何实现从零和博弈到合作双赢

对于局中人，双赢是再好不过的结果了。但人生不如意常十之八九，这就要求我们多加注意，自我控制和约束，朝着"正和博弈"的方向努力。

首先，别见利忘义，做人之本，心存善良。在人际交往的博弈中，之所以会出现"零和博弈"，大多是因为人的见利忘义，想图谋别人的利益，而这样的人往往从一开始就心存恶念，不安好心，整天想着算计别人，也自然会用欺诈的手段来达到自己那让人所不齿的目的。

有这样一个诉讼案件，李先生借了王先生 3 万元钱，后来，王先生由于家人有病，等着用钱，便向李先生讨要。但由于王先生多次找李先生，都被其用各种理由推脱了，王先生十分的着急，便发了火。李先生见状，干脆一不做，二不休，一把抢过借条，撕得粉碎，从窗口扔了下去，并对王先生说，现在好了，谁也不欠谁的钱了。王先生知道李先生想赖账，便急忙跑到楼下，拾起了那些已经被撕碎的借条，并一片一片对了起来。可是，李先生根本不认账，最后，王先生只好把李先生告到了法院。在法院上，李先生却说，自己已经把钱还给了王先生，所以才撕了借条的，弄得王先生百口难辩，法庭一时也无法判断到底是谁在讹诈谁，因为李先生说得也有道理，如果不给对方钱，王先生怎么会让他将借条撕掉呢？后来，法庭觉得李先生的理由虽然有合理之处，但毕竟还有许多疑点，所以又做了大量调查，最后，王先生又提供了一通录音电话作为证据，说明王先生曾在向李先生讨要欠款时发生过争吵，再加上李先生夫妻俩在说什么情况下给钱时口径并不一致，最后判李先生败诉，并归还王先生的钱。

可以说，像李先生这样的人，本来就不是善良之辈，他在人际关系博弈中，想赖账不还，达到把别人的财产归自己"零和博弈"的目的，是令人不齿的。不过，最终他还是让法庭抓住了狐狸尾巴。

其次，就是要心胸开阔，能够互相体谅。这也是在人际交往中，避免发生"零和博弈"的一个重要原则。其实很多事情，就是由于人们心胸不够开阔，遇事不够理性才发生的，比如，邻居之间，如果一方心胸开阔些，另一方体谅一点，就不会发生邻居间感情不和的事情了。

最后，就是诚心对待别人，即所谓忍一时风平浪静。人与人交往，无论在什么时候，都要以诚相待、容忍对方，一些事总会有雨过天晴的一天。

总之，面对博弈中的人际关系，一定要理性地分析，不可为了一己之利，或一时的胜利而使良好的人际关系呈现出吃掉一方的"零和博弈"现象。

● 信息不对称：优势资源掌握在谁的手中

信息是博弈的筹码

在博弈中，信息的作用是至关重要的。

以前有个做古董生意的人，他发现一个人用珍贵的茶碟做猫食碗，于是假装很喜爱这只猫，要从主人手里买下。古董商出了很大的价钱买了猫。之后，古董商装作不在意地说："这个碟子它已经用惯了，就一块儿送给我吧。"猫主人不干了："你知道用这个碟子，我已经卖出多少只猫了？"

古董商万万没想到，猫主人不但知道，而且利用了他"认为对方不知道"的错误大赚了一笔，这才是真正的"信息不对称"。信息不对称造成的劣势，几乎是每个人都要面临的困境。谁都不是全知全觉，那么怎么办？首先，为了避免这样的困境，我们应该在行动之前，尽可能掌握有关信息。人类的知识、经验等，都是你将来用得着的"信息库"。

华尔街历史上最富有的女人——海蒂·格林是一个典型的葛朗台式的守财奴。她曾为遗失了一张几分钱的邮票而疯狂地寻找数小时，而在这段时间里，她的财富所产生的利息足够同时代的一个美国中产阶级家庭生活一年。为了财富，她会毫不犹豫地牺牲掉所有的亲情和友谊。无疑，在她身上有许多人性中丑陋的东西。但是，这并不妨碍她成为资本市场中出色的投资者。她说过这样一段话："在决定任何投资前，我会努力去寻找有关这项投资的任何一点信息。赚钱其实没有多大的窍门，你要做的就是低买高卖。要节俭，要精明，还要持之以恒。"这个故事告诉我们：我们并不一定知道未来将会面对什么问题，但是你掌握的信息越多，正确决策的可能就越大。在人生博弈的平台上，你掌握的信息的优劣和多寡，决定了你的胜算。

有了信息，行为就不会盲目，这一点在商业争斗、军事战争、政治角逐中都表现得十分明显。《孙子兵法》云：知己知彼，百战不殆。这说明掌握足够的信息对战斗的好处是很大的。在生活的"游戏"中，掌握更多的信息一般是会有好处的。比如恋爱，你得明白他（她）有何所好，然后才能对症下药、投其所好，不至于吃闭门羹。又比如猜拳行令，如果你了解对方的规律，那你的胜算就会比较大。

信息是否完全会给博弈带来不同的结果，有一个劫机事件的例子可以说明。假定劫机者的目的是逃走，政府有两种可能的类型：人道型和非人道型。人道政府出于对人道的考虑，为了解救人质，同意放走劫机者；非人道政府在任何时候总是选择把飞机击落。如果是完全信息，非人道政府统治下将不会有劫机者。这与现实是相符的，在汉武帝时期，法令规定对劫人质者一律格杀勿论，有一次一个劫匪绑架了小公主，武帝依然下令将劫匪射杀，公主也死于非命，但此后国内一直不再有劫持人质者。人道政府统治下将会有劫机者，但是，如果想劫机的人不知道政府的类型，那么他仍然有可能劫机。所以，一个国家要防止犯罪的发生，仅有严厉的刑罚是不够的，还要让人民了解那些刑罚（进行普法教育）。因为，他不知道会面临刑罚，他就不会用那些规则来约束他的行为。在我国，法盲是很多的，许多悲剧也正是因为不了解法律而酿成的。从人类诞生以来，人们从来没有像现在这样深刻地意识到信息对于生活的重要影响，也从来没有任何一个时代像现在一样，信息如此繁多，这就需要我们时刻准备着，及时掌握各方信息，并用以指导自己的行为。

信息的提取和甄别

信息的提取和甄别，是博弈中一个关键的问题。在博弈过程中，不但要发出一些影响对方决策的信号，还要尽量获取对方的信息，并对这些信息进行筛选和鉴别。

所罗门王断案的故事恰好说明了这点。

所罗门王曾断过一个妇女争孩子的案子。有两个妇女都说孩子是自己的，当地官员无法判断，只好将妇女带到所罗门那里。所罗门稍想了一下，就对手下人说，既然无法判定谁是孩子的母亲，那就用剑将孩子劈成两半，两人各得一半。

这时，其中的一个妇女大哭起来，向所罗门请求，她不要孩子了，只求不要伤害孩子，另一个妇女却无动于衷。所罗门哈哈一笑，对那个官员说："现在你该知道，谁是那个孩子真正的母亲了吧。任何一个母亲都不会让别人伤害自己的孩子的。"

在这个故事里，所罗门并没有把这件事看作一个直截了当的、非此即彼的选择，而是深入地思考这个问题，通过恐吓性的试探，提取到了情感和心理深处的信息。

所罗门通过挖掘深层信息对事件有了更全面的把握。而有的信息则不需挖掘，事件本身就一直向人们传达着，但这样的信息往往真假难辨，需要人们对之进行甄别。当然凭常识判断，可以看出一些信息的真假，比如市场上许多良品的商誉都是花不小的代价建立的，有的甚至经过几十年才打造了一个品牌，而消费者对它们也格外信赖。相反，如果建立商誉的成本很小，那么大家都会建立"商誉"，结果等于谁也没建立商誉，消费者也不领情。在大街上，我们看惯了"跳楼价"、"自杀价"、"清仓还债，价格特优"等招牌，这也是信息，但谁相信它是真的呢？但有的信息是可以以假乱真的，这种情况就需要人们仔细甄别以选出真正的有利信息，就像所罗门那样挖掘深层次的信息以用于事件的判断。商战中，信息战是一种常用的伎俩。重庆通信市场曾发生过一起案例，就说明了隐瞒信息的重要性。前几年，中国联通重庆公司在报上突然发布广告：次日手机降价。中国电信重庆公司随即获悉这一消息，当天下午即商讨对策，晚上将电信手机降价方案送往报社立即发排。第二天清早，电信一些员工和雇用的临时的广告派发员便将电信手机即日降价的广告发给过往的行人。结果，电信打了一个漂亮的"后发制人"的仗。联通的失败在于，他们把谋划已久的降价的商业秘密没有保守到真正的最后时刻，从而为电信采取行动留下了空隙。

信息不对称下的制胜之道

在实际生活中，很多情况是在非公共信息环境下发生的。在信息缺乏的时候，就要参加一场博弈。比如，人寿保险公司并不知道投保人真实的身体状况如何，只有投保人自己对自身健康状况才有最确切的了解；政府官员廉洁与否，一般的公民并不是非常清楚；求职者向公司投递简历，求职者的能力相对而言只有自己最清楚，公司并不完全了解。最常见的例子就是买卖双方进行交易时，对交易商品的质量高低，自然是卖方比买方更加了解。

这些都是生活中最常见的事件，这种情况就属于信息不对称。

之所以有这些信息不对称的情况，是因为存在"私有信息"。所谓"私有信息"，通俗地讲，就是如果某一方所掌握的信息对方并不知道，这种信息就是拥有信息一方的私有信息。简单地说，如商家的产品是否有严重缺陷，这样的信息往往只被能接近和熟悉这种产品的人观察到，那些不熟悉这种产品的人无从了解或难以了解。

在信息不对称的时候，要善于利用假信息迷惑对方，取得自己的有利地位。比如商家经常以次充好，战场上以弱示强，政治上以假乱真，官场上欺上瞒下。贾似道就是利用信息不对称而官运亨通的。

宋理宗过世后，度宗即位。度宗本是理宗的皇侄，因过继为子而即位，时年 25 岁。度宗上台之后，曾一度亲理政事，限制大奸臣贾似道的权力，显得干练有为，确实干了几件好事，朝野上下为之一振，觉得度宗给他们带来了希望。贾似道的权力受到了极大的限制，有人上书弹劾贾似道。贾似道看到，如果这样下去，自己将会有灭顶之灾。

于是，贾似道精心设计了一个巨大的阴谋。

他先弃官隐居，然后让自己的亲信吕文德从湖北抗蒙前线假传边报，说是忽必烈亲率大兵来袭，看样子势不可挡，有直取南宋都城临安之势。度宗正欲改革弊政，励精图治，没想到当头来了这么一棒。他立刻召集众臣，商量出兵抗击蒙军之事。宋度宗万万没有想到，满朝文武竟没有一人能提出一言半语的御兵之策，更不用说为国慷慨赴任，领兵出征了。这时，贾似道却隐居林下，优哉游哉地过着他的隐士生活。

前线警报传来，数十万蒙古铁骑急攻，都城临安急需筑垒防御，这一切，使得度宗心惊肉跳，他不得不想起朝廷中唯一的一位能抗击蒙军取得"鄂州大捷"的英雄贾似道。他深深地叹了口气，在无可奈何之下，只好以皇太后的面子，请求贾似道出山。谢太后写了手谕，派人恭恭敬敬地送给贾似道。这么一来，贾似道放心了。他可得拿足了架子再说，先是搪塞不出，继而又要度宗大封其官。度宗无奈，只好给他节度使的荣誉，尊为太师，加封他为魏国公。这样，贾似道才懒洋洋地出来"为国视事"。

贾似道知道警报是他令人假传的，当然要做出慷慨赴任、万死不辞，甚至胸有成竹的样子。他向度宗要了节钺仪仗，即日出征，这真令度宗感激涕零，也令百官惶愧无地。天子的节钺仪仗一旦出去，就不能返回，除非所奉使命有了结果，这代表了皇帝的尊严。贾似道出征这一天，临安城人山人海，都来看热闹。贾似道为了显示威风，居然借口当日不利于出征，令节钺仪仗返回。这真是大长了贾似道的威风，大灭了度宗的志气。等贾似道到"前线"逛了一圈，无事而回，度宗和朝臣见是一场虚惊，额手称庆尚且不及，哪里还顾得上追查是谎报还是实报呢。

贾似道"出征"回来，度宗便把大权交给了他，贾似道还故作姿态，再三辞让，屡加试探要挟，后见度宗和谢太后出于真心，他才留在朝中。这时，满朝文武大臣也争相趋奉，把他比做是辅佐成王的周公。通过这场考验，年轻的度宗对朝臣完全失去了信心，他至此才理解为什么理宗要委政于贾似道。原来满朝文武竟无一人可用，贾似道虽然奸佞，但困难当头之际，只有他还"忠勇当前"，敢于"挺身而出"。度宗哪里知道，满朝文武懦弱是真，贾似道忠勇却是假。

度宗被瞒，不知不觉地坠入了贾似道的奸计之中。从此，度宗失去了治理朝政的信心和热情，把大权往贾似道那里一推，纵情享乐去了。

贾似道再一次"肃清"朝堂，他在极短的时间内，把朝廷上下全换成了自己的亲信，甚至连守门的小吏也要查询一遍。这样，赵宋王朝实际上变成了贾氏的天下。

贾氏从头到尾的信息都是假的，他利用朝廷与战场信息不对称的环境，制造假信息，迷惑对方，达到了自己控制朝廷的目的。

第四章

人际交往要懂博弈论：

进退自如的处世哲学

⚫ 交往中的心理博弈

俗话说："知人知面难知心，画龙画虎难画骨。"人心叵测，每个人的心理都是很难揣测的，尤其是在关系复杂的社会网中，每个人都有自己的为人处世的方法，都有他自己的心理表征。面对每一件事，都要经过一番心理斗争，而社会的种种现象正是发生矛盾的双方心理博弈的结果。那么，在人际交往的心理博弈中我们该如何选择呢？我们先看下面这个有趣的博弈游戏。

假设每一个学生都拥有一家属于自己的企业，现在企业陷入困境，他们只有在下面两个方案中任选其一以维持企业生存。方案 A：生产高质量的商品来帮助维持现在较高的价格；方案 B：生产伪劣商品以通过别人的所失来换取自己的所得。每个学生将根据自己的意愿进行选择，选择方案 A 的学生总数，将把自己的收入分给每个学生。

事实上，这是一个事先设计好的博弈，目的是确保每个选择 B 的学生总比选择 A 的学生多得 50 美分，这个设定当然是有现实意义的，因为生产伪劣商品成本比生产高质量商品的成本低。不过，选择 B 的人越多，他们的总收益也就会越少，因为这个假设也是有道理的：伪劣商品过多，会造成市场的混乱，他们的企业也就会跟着受到影响，信誉跟着降低。

现在，假设全班 27 名学生都打算选择 A，那么他们各自得到的将是 1.08 美元。假设有一个人打算偷偷地改变决定——选择 B，那么，选择 A 的学生就少了一名变为 26 名，将各得 1.04 美元，比原来的少了 4 美分，但那个改变自己主意的学生就会得到 1.54 美元，而比原来要多出 46 美分。

诚然，不管最初选择 A 的学生人数有多少，结果都是一样的，很显然，选择 B 是一个优势策略。每个改选 B 的学生都将会多得 46 美分，而同时会使除自己以外的同学分别少得 4 美分，结果全班的收入会少 58 美分。等到全班学生一致选择 B 时，即尽可能使自己的收益达到最大时，他们将各得 50 美分。反过来讲，如果他们联合起来，协同进行行动，不惜将个人的收益减至最小化，那么，他们将各得 1.08 美元。

但博弈的结果却十分糟糕，在演练这个博弈的过程中，由起初不允许集体讨论，到后来允许讨论，以便达成"合谋"，但在这个过程中愿意合作而选择 A 的学生从 3 人到 14 人不等。在最后的一次带有协议的博弈里，选择 A 的学生人数为 4 人，全体学生的总收益是 15.82 美元，比全班学生成功合作可以得到的收益少了 13.34 美元。一个学生嘟囔道："我这辈子再也不会相信任何人了。"

而事实上，在这个博弈游戏里，无论如何选择，都不会有最优的情况出现，类似于囚徒困境，即使达成合谋，由于人的心理太过复杂，结果也不是预期的样子。所以，在这样复杂的心理博弈中，我们不能苛求要获得一个最好的结果，因为人心各异，最好结果根本就不存在。那在人际交往中遇到类似于上述游戏的博弈情况时该如何选择呢？保证一点——不要太贪婪，只要有利益就可以，不要妄求有太多的利益或要获得比别人更多的利益。

◎ 理性与非理性的较量

博弈是经济学概念，而经济学的建立是以理性经济人的假设为基础的。假如说每个人都是理性的，那么，当两人发生利益冲突时，是理性，还是非理性，就要看双方在博弈的时候，理性所起的作用有多大。作为个体人都是感性的，但分析事物时都是理性的，而当我们按理性思维去操作时，又难免流于感性。感性和理性往往同在。所以我们要根据理性和感性谁起的作用更大，来选择自己用什么策略。

其实，在一定条件下，尤其是策略的选择，有时，根据需要，非理性的选择也是博弈论中经常运用的重要抉择。

再比如，很久以前，在北美地区活跃着几支以狩猎为生的印第安人部落，经过长时间的生存拼搏之后，令人匪夷所思的是：在狩猎之前，请巫师作法，在仪式上焚烧鹿骨，然后根据鹿骨上的纹路确定出击方向的印第安人部落，成为唯一的幸存者；而事先根据过去成功经验，选择最可能获取猎物方向出击的其他部落，最终都销声匿迹了。

也许有人会感到不可思议，"科学预测"怎么能败给"巫师作法"呢？

其实不然，仔细品味故事的来龙去脉，我们就会发现，问题的关键并不在于科学与迷信之间，根本原因在于：几个部落的竞争战略有所不同。

依据经验进行预测并确定前进方向的部落，或许暂时能够获得足够的食物，但是，不久的将来，他们的路就会越走越窄。可以想象，随着时间的推移，那些"理性"的部落之间，势必产生相同的推测与判断，瞄准同一目标的部落越来越多，他们之间的竞争不断加剧，而他们每天的狩猎方向经过"科学分析"之后，变得日趋一致，而在原始的状态下，猎物不会迅速增多，最后，这些部落只好在同样的狩猎区域，你争我夺、你拦我抢，弄得鱼死网破，同"输"而归。显然在这场理性与非理性的较量中，非理性成了最后的胜者。

其实，现实生活中的企业界又何尝不是如此，某个领域的市场需求热了，十个、数十个甚至上百个企业因为对目标市场的共同期盼，纷纷杀将而来，结果呢？市场有效需求并没有因为他们的频频光顾而迅速放大，僧多粥少，就会有人挨饿，直至撤退和消亡。这样的例子不胜枚举，近几年来，市场上就相继上演了彩电业界、ＶＣＤ业界、手机业界、ＰＣ业界、笔记本电脑业界最为残酷的竞争……

而按照巫师作法，焚烧鹿骨狩猎的那个印第安人部落，虽然在战术上出现了很明显的错误，明显有些盲从和随意，但是，基于他们当时的条件，从更宏观的角度来判断，我们不难发现，他们的核心因素——竞争战略，却要优于竞争对手，因为他们在发现新市场或者说在创造新需求。这样一来，无形之中，他们就避开了与其他部落之间在战术层面的相互厮杀，从而赢得了生存空间。

人类社会已迈入 21 世纪，信息化战争正在以咄咄逼人之势扑面而来。不可回避的是，随着时间的推移，竞争将变得异常激烈，世界各国企业之间相互模仿的速度会骤然加快，这必将导致一场印第安人部落生存式的"狩猎游戏"。

◎ 是"战友"，还是"对手"

唐朝的时候，那位开创了"开元盛世"的唐玄宗手下有位丞相叫李林甫，此人若论才艺倒也不错，能书善画，但在盛唐人才济济、名家辈出的时代，也就算不上个杰出人物。正是因为如此，为了保住自己的权势和地位，这人就想尽方法忌才害人。唐玄宗让他主持开科取士，他一个不录取，然后向皇帝贺喜，理由是"野无遗贤"，意思是朝廷外没有人才了，有才干的都在为圣上效力了。就是这四个字，让杜甫这位"诗圣"在长安"困顿十年"。为了打击对手李适，他先向李适鼓吹华山多金，开采出来，利国利民，让李适向唐玄宗献计献策，等唐玄宗心动征求自己意见的时候，他又以一副先知先觉的神态出现，说华山多金，自己早就知道，但华山涉及皇家风水，开采对皇室江山不利，让唐玄宗大加感动，更加信任这个小人。就是靠着这一套两面三刀的本领，他一屁股在丞相的宝座上待了19年，居然"风雨不动安如山"。由于他和人接触时，外貌上总是露出一副和蔼可亲的样子，嘴里尽说些动听的"善意"话。但实际上，他的性格非常阴险狡猾，常常暗中害人。因此人们形容他"口有蜜，腹有剑"，宋朝司马光在编《资治通鉴》时评价李林甫是个口蜜腹剑之人。后来老百姓就把他通俗化为"明是一盘火，暗是一把刀"，"嘴里叫哥哥，手里掏家伙"，更加形象贴切。

事实上，李林甫这些招，就是中国人在长期的人际交往过程中把厚黑学用到极致的表现。中国人在长期的内外斗争中，在人际关系上，既有"仁、义、礼、智、信"，有"君子坦荡荡"的一面，但在"君子喻于义，小人喻于利"的信条下，人与人之间也充满了人际的诡谲、黑暗的一面。这实际上是两种不同人性的博弈。正是这种错综复杂的人际博弈，使人生的道路充满攀爬的艰辛和竞争的陷阱。很多类似李林甫的人物常常在表面上哼哈随和、异常亲切，骨子里却渗透着尔虞我诈，钩心斗角，"明是一盘火，暗是一把刀"、"嘴里叫哥哥，手里掏家伙"的手段屡见不鲜。所以，不少当初满腔热忱跻身官场、沙场、职场的人，欲壮志凌云，大干一番时，不是在正面"战场"上败下阵来，而是在人际关系上经过一番"厮杀"之后，像个落汤鸡一样，败下阵来，甚至有的人连一招都没接，就被暗箭所伤，这就是人际关系战场博弈的复杂性和残酷性。

其实，人际关系的博弈中，像李林甫这种人还不是算最厉害的，因为至少在他活着的时候，在他与他人交往的时候，他的"战友"也好，他的"对手"也好，对他口蜜腹剑的两面性已经有所认识，自然就会产生警惕心理，做好防范的准备。也就是说，在与李林甫这种人博弈的时候，可能大家都是理性的，只有那些初出茅庐的"雏儿"才会被他这种"嘴里叫哥哥，手里掏家伙"的假面孔所迷惑，用自己的满腔热忱去结交这位丞相，从而形成一场非理性与理性的博弈。在中国人际场上，最可怕的就是那种"嘴里叫哥哥，手里掏家伙"而能够让人毫不察觉的群体，这种人能够取得他人的绝对信任，甚至成为一个群体的领军人物，用他的"满腔热忱"引导对他绝对信任的群体走向绝路，这种人以《水浒传》中的宋江最为典型。

《水浒传》中的 108 条好汉，有一批是真正的无产者，例如李逵、燕青、阮氏三兄弟等数人；另一类是像林冲、武松、鲁智深一样，出生社会下层，依靠自己的本领在封建统治集团内部谋取了一官半职，但最后又因为统治阶级内部的相互倾轧而被迫逼上梁山，这两类群体都对统治者死心了。但是，在整个群体中，还有一部分始终抱着为封建统治者服务，希望通过所谓的"正途"，受到统治者青睐，从而封妻荫子、流芳后世的群体，这个群体中最典型的代表就是宋江。宋江出身小地主，家里有点钱财，又在统治集团内部谋取了一个职务，能够及时获得各种消息，接济三山五岳的好汉，因此获得了"及时雨"的美名，"宋江哥哥"成为各路英雄内心崇拜的"偶像"。这位"宋江哥哥"与所有的弟兄都是"兄弟长，兄弟短"的，叫得亲热，简直让人掏心窝。但这位"宋江哥哥"在任何时候都没有想着真正落草为寇；他从内心上从来没有接纳那种"大碗喝酒，大块吃肉"的"草寇"生活；他从内心鄙夷那帮出生低贱、胸无大志的"兄弟"。即使是落草，即使是成为"贼"，甚至坐上了梁山的第一把交椅，他内心想的是如何受到朝廷招安，如何让"兄弟"们接受他自己"招安"的想法。但无论什么时候，他始终把"兄弟"，把"义"字挂在嘴上，"兄弟"成为"宋哥哥"笼络弟兄们的最好手段。最后，他软硬兼施，让兄弟们接受了朝廷"招安"，用"兄弟"的义气驱使众多好汉为朝廷效力；用"兄弟"的血染红了他的乌纱帽；用"兄弟"二字把朝廷的心腹大患清除得干干净净。而那帮自始至终对他终生不渝的可怜的"兄弟"们，到死也没有明白，这位称兄道弟的"宋江哥哥"从内心就没有把他们当作自己人看待，而正是这位"宋江哥哥"把他们都送上了不归路。可以说，宋江是一位人际关系厚黑学学得最好的高手，他在"梁山好汉"这个群体中，"以一当百"，赢得了与兄弟博弈的胜利。

他是"嘴里叫哥哥"喊得最凶，"手里掏家伙"掏得最狠的一位博弈高手。这也是中国两面三刀、口蜜腹剑的博弈典型代表。

如果从情感的角度来说，宋江是理性的，"效忠朝廷"是他始终的信念，即使是成为"贼寇"，他内心的信念也是如何接受朝廷招安，如何效忠朝廷，所以说宋江始终是理性主义者；而其他梁山弟兄被"兄弟"，被"义"熏得丧失了理性，不辨真假，不辨虚实，只要喊"兄弟"就真的当"兄弟"，而且是"赴汤蹈火，在所不辞"，他们是非理性的，所以非理性的诸位兄弟碰见了理性的宋江哥哥，只有缴械投降，丧命沙场了。

从梁山好汉的"待遇"我们可以看出，在人与人的交往中，保持理性思考是非常重要的，特别是在经济迅速发展，道德相对弱化的当代，人与人的交往频率大大提高，交往周期相对缩短，要在短时期内迅速判断一个人是否值得自己付出，与他保持一种合作性博弈，保持理性是非常重要的，否则，重则丧命，轻则丧失财物，得不偿失。这样的事例，在我们现实生活中不计其数。

故事一

40 岁的周某已有家室，但仍"春心萌动"，2005 年 11 月，周某经人介绍认识了 35 岁吕某，两人开始交往起来。见吕某单纯，周某决计以恋爱为名，诈骗吕某钱财。为骗取吕某的信任，周某自称在钦州市沙埠北居委会向屋村里有一幢 5 层半的楼房，愿将房屋产权过户到吕某名下。随后，周某花钱找人办了一张以吕某为名的假房产证。看到周某交给自己的"房产证"后，吕某心花怒放，对周某更加信任，这正中周某下怀。过后，他以为吕某办理房屋转户及汽车入户等为由骗走吕某 6130 元。

故事二

1997 年，郑某从某大学毕业就决心开办自己的公司，一年后，她的服装公司开张，忙碌的她根本就没想到嫁人的事，她对父母说："别急，等我挣大钱了，好男人会踏破门槛的。"

可是，当郑某已拥有上百万资产，但向她求婚者却寥寥无几。

2002 年 4 月，在家人不断催促下，郑兰开始"主动出击"，与一位高校教师开始了初恋。但在交往中，她一直怀疑男友看中的是她的钱财，便多次做"笼子"考验男友。一次，她假称财会主管携款逃跑，装出破产后的那种痛不欲生之态。害得在北京开会的男友中途赶回，再次识破她的骗局后，男友和她分手了。后来，郑兰又做"笼子"考验过两名男友，最终都不欢而散。至今年近30的郑某仍是孑然一身。

在这两则故事中，故事一中的吕某显然是非理性的，周某仅仅是声称自己有房有车，吕某就信以为真，当周某送给她一纸假证书，她更是心花怒放，对周某的甜言蜜语再也不设防，从而轻而易举被周某骗去数千元，人财两空，而造成吕某非理性的原因一则过于单纯，更重要的是贪恋财物，是财物蒙蔽了她的理性，使她被周某非常蹩脚的小伎俩所骗。贪恋财物，是常人最大的弱点，无数的骗子就是利用这一手段，取得一次又一次的成功，其中的根源就在于人的贪欲使人丧失了理性，从而在与他人的博弈中束手就擒。故事二中的富姐郑某显然也是非理性。从一开始她就把钱财和婚姻幸福联系在一起，金钱能够买到幸福，这也是众多社会成员的一个通病。但当这位富姐拥有百万资产的时候，并没有像她想象的那样，"好男人会踏破门槛"。她"主动出击"本身没有错。但她不该再次失去理性，总怀疑人家是冲着她的钱财而来。理性的怀疑本身也没有错，但她的检验策略再次错误，用做"笼子"、设置假象来考验男友，这就明白地告诉对手自己的不信任感。任何一个理性的男人，任何一个有自尊心的男人，都会被这种不理性的行为激怒，从而导致合作性博弈的破裂，最终使富姐成为孤家寡人。

人与人的关系，是一种非常复杂的关系；人与人之间，都是某种形式的博弈，在这形形色色的博弈中，理性的人必然占优势，所以，多点理性，少点冲动，你的胜算会更大些。

🌀 和自己的贪婪博弈

我们经常说：欲望是无底深渊。是的，穷其一生，我们都在和自己的欲望进行博弈。权钱交易的根源也是人类自身的贪婪，正是因为贪婪，很多本应有大好前途的人葬送自己的一生。我们要和自己的贪婪做斗争，因为战胜了自己，也就战胜了一切。人类最大的敌人就是自己的贪婪，不管你是做生意还是做官，总是得陇望蜀，得到的东西总是不珍惜，而得不到的却总是念念不忘。

一个乞丐在大街上垂头丧气地往前走着。他衣衫褴褛、面黄肌瘦，看起来很久没有吃过一顿饱饭了。他不停地抱怨："为什么上帝就不照顾我呢？为什么唯独我就这么穷呢？"

上帝听到了他的抱怨，出现在他面前，怜惜地问乞丐："那你告诉我吧，你最想得到什么？"乞丐看到上帝真的现身了，喜出望外，张口就说："我要金子！"上帝说："好吧，脱下你的衣来接吧！不过要注意，只有被衣服包住的才是金子，如果掉在地上，就会变为垃圾，所以不能装得太多。"乞丐听后连连点头，迫不及待地脱下了衣服。

不一会儿，金子从天而降。乞丐忙不迭地用他的破衣服去接金子。上帝告诫乞丐："金子太多会撑破你的衣服。"乞丐不听劝告，仍兴奋地大喊："没关系，再来点，再来点。"正喊着，只听"哗啦"一声，他那破旧的衣服裂开了一条大口子，所有的金子在落地的一瞬间变成了破砖头、碎瓦片和小石块。

上帝叹了口气消失了。乞丐又变得一无所有，只好披上那件比先前更破、更烂的衣服，继续着他的乞讨生涯。

所谓无欲则刚，在生活中有些人就像那个贪婪的乞丐，抵不住"贪"字，灵智为之蒙蔽，刚正之气由此消除。

在商品社会，许多人经不住贪私之诱，以身试法，大半生清白可鉴，却晚节不保，而贪得无厌的结果便是一无所有。要避免这一点却是非常困难的，因为人毕竟是有私心的动物。

一股细细的山泉，沿着窄窄的石缝，"叮咚叮咚"地往下流淌，多年后，在岩石上冲出了 3 个小坑，而且还被泉水带来的金砂填满了。

有一天，一位砍柴的老汉来喝山泉水，偶然发现了清冽泉水中闪闪的金砂。惊喜之下，他小心翼翼地捧走了金砂。

从此老汉不再受苦受穷，不再翻山越岭砍柴。过个十天半月的，他就来取一次砂，没过多久，日子富裕起来。

人们很奇怪，不知老汉从哪里发了财。

老汉的儿子跟踪窥视，发现了秘密。他认真看了看窄窄的石缝，细细的山泉，还有浅浅的小坑，埋怨爹不该将这事瞒着，不然早发大财了。儿子向爹建议，拓宽石缝，扩大山泉，不是能冲来更多的金砂吗？

爹想了想，自己真是聪明一世，糊涂一时，怎么就没有想到这一点？

说干就干，父子俩便把窄窄的石缝拓宽了，山泉比原来大了好几倍，又凿大凿深石坑。

父子俩累得半死，却异常高兴。

父子俩天天跑来看，却天天失望而归，金砂不但没有增多，反而从此消失得无影无踪，父子俩百思不得其解。

因为贪婪，父子俩连原来的小金坑都没有了，因为水流大，金砂就不会沉下来了。我们在生活中，在与贪婪博弈的时候，选择的策略就应是无欲则刚。处处克制自己的贪婪，不管外在的诱惑有多么大，仍岿然不动，即使错过时机也不后悔，因为我们对事物的信息掌握得很少，在不了解信息的情况下，我们尽量不要想获得。就像金砂一样，虽然表面看来是因为水流冲下来的，但这是一条假信息，迷惑了这对父子。在不确定一个事物的情况下，只靠想当然和表面现象是不行的。世间的信息瞬息万变，我们又如何全面掌握呢？我们只能防止贪欲给自己带来危险，不妄求，不妄取。

用自己的优势交换生存

对于博弈论，我们已经有了一个大概的了解。其实，它就是人与人之间采取合作还是非合作的方式，无论选择哪种方式，其目的只有一个——趋利避害。

现代社会讲究的是一切都要公平。但事实上，一切都公平吗？在市场经济条件的制约下，不同的商品，其价值相差悬殊，其价值与使用价值也存在着不一致，而这不一致必然是通过"等价交换"的规律来实现不等价的交换，或者说形式上的等价交换只是实质上的不等价交换。在出现这种矛盾而特殊的不等价交换规律中，弱者的选择是：要么在这种局势下想尽办法让自己的损失降到最小，要么就此灭亡。当然，出于人的本能，其博弈的结果，往往是前者，那么，从中我们可以看出，是合作还是"背叛"，其选择不是固定的，不过尽可能减少损失，让自己得利，则是不变的处世原则。

其实，从博弈论来说，无论古代还是现代，矛盾都是存在着的，面对现实，弱者的选择是尽量减少自己的损失，做出最有利于自己的选择。

在三国鼎立的局面结束之后，西晋司马氏统一了中国。可是西晋的政权并不稳固，在经过连年的战乱后，地方割据力量的残余势力依然存在，司马氏皇室子弟之间的权力斗争也十分激烈，其中颇有势力的是东海王司马越。几十年后，司马越终于联合其他藩王，发动了内战，以争夺皇帝的宝座，史称"八王之乱"。可是，因为藩王们的内讧和北方的匈奴和羯胡的趁机侵略，中国北方陷入了战争的浩劫之中。

最终北方被匈奴和羯胡占据，司马越也战死了。

当时，西晋司马氏的皇族在战争中死伤过半，幸存的皇族纷纷准备渡过长江逃避战乱。其中，琅琊王司马睿势单力薄，在渡江之前只想着如何避难自保，并没有考虑渡江之后的计划。可是他作为皇族的幸存者，对社会还是具有一定的政治号召力，于是，王氏家族的精英人物——王导和王敦便准备扶持他做渡江之后的皇帝。王氏家族在当时晋朝的影响力是不容忽视的。

王氏兄弟见国家危难，本想在政治上有所作为，但是苦于自己既不是司马氏皇族，又不是手握重兵的大将，所以有心无力。这次见到了落难的皇族司马睿，王氏弟兄便想借助他的皇族身份，复兴大业。

王氏兄弟和司马睿接洽之后，说出了他们想要辅佐司马睿做皇帝并恢复西晋基业的想法。司马睿自然是大喜过望，甚至有点感动，与王氏兄弟一拍即合，开始了司马氏和王氏的亲密合作。

渡江之后，王氏兄弟马上按照承诺提高司马睿的声势。三月初三这一天，按照当地的风俗，百姓和官员都要到江边去祈福消灾。这一天，王导让司马睿坐上华丽的轿子到江边去，前面有仪仗队鸣锣开道，王导、王敦和从北方来的大官、名士，一个个骑着高头大马跟在后面，排成一支十分威武的队伍。这一天马司睿的声望大涨。

人们从门缝里偷偷张望，他们一看王导、王敦这些有声望的人对司马睿这样尊敬，大吃一惊，怕自己怠慢了司马睿，一个接一个地出来排在路旁，拜见司马睿。

这样一来，司马睿在江南士族地主中的威望提高了。王导接着就劝司马睿说："顾荣、贺循是这一带的名士。只要把这两人拉过来，就不怕别人不跟着我们走。"司马睿派王导上门请顾荣、贺循出来做官，两个人都高兴地来拜见司马睿。司马睿殷勤地接见了他们，封他们做官。从此，江南大族纷纷拥护司马睿，司马睿在建康就站稳了脚跟。

北方发生大乱以后，北方的士族、地主纷纷逃到江南来避难。王导又给司马睿出谋划策劝说他多吸纳优秀人才。

经过这样的一番经营，王氏兄弟最终联合各大家族，推举琅琊王司马睿做皇帝，是为晋元帝，从此建立了偏安东南百余年的东晋王朝。晋元帝登基的那天，还发生了一个戏剧性的故事：王导和文武官员都进宫来朝见。晋元帝见到王导，从御座上站了起来，把王导拉住，要他一起坐在御座上接受百官朝拜。这个意外的举动，使王导大为吃惊。因为在封建社会，这是绝对不允许的。王导忙不迭地推辞，他说："这怎么行？如果太阳跟普通的生物在一起，生物还怎么能得到阳光的照耀呢？"王导的这一番吹捧，使晋元帝十分高兴，晋元帝也不再勉强。王氏家族从此便更受重用。

从此，虽然是东晋皇帝司马氏做名义上的天子，但是掌握实权的是拥立他的王氏兄弟，司马睿对王氏兄弟极为尊敬，甚至上朝时宰相王导没有入座自己都不敢坐在龙椅上。

历史上把司马睿与王氏兄弟的这一对政治组合称为"王与马，共天下"，也就是司马氏和王氏共同主宰朝政的意思。但是人们只看到司马睿对王家兄弟的尊敬和畏惧，却并没有看出这种情况出现的原因——王家兄弟拥有政治上的实力和社会上的地位，司马睿虽然是皇帝，但各个方面都无法与王家相比。王家与司马睿之间虽然名为君臣，但实际上司马睿处于明显的劣势，是这场博弈的弱者，如果司马睿对王家兄弟稍有不敬，则可能被推翻，从而皇位不保。所以在博弈中，双方都需要借助对方，利用自己的优势换取更好的生存条件。

◎ 权钱交易的怪圈

在其他领域，也可以见到博弈的影子，比如为世人所深恶痛绝的权钱交易。为何为世人所唾弃的权钱交易总能大行其道、屡禁不止呢？

到底哪种情况对自己的利益更大呢？我们不妨用博弈论来分析一下。首先我们应知道，在某些中国人的心中，认为只有做官才能光宗耀祖，"万般皆下品，唯有读书高"。读书的目的是入仕做官，只有读书有成，才有可能做官，只有做官，才会有权，才会有一切。因此，仅"钱"和"权"进行博弈的话，很显然，"钱"是不堪一击的，但如果只有"权"而没有"钱"的支持，仕途也同样不会长久。因此，也就得出了这样一个结论：通过"权力"获得"金钱"是轻而易举的，没有"权力"保护的"钱财"是危险的。于是，就出现了一个怪现象，也可以说是一种"钱"与"权"的困境，一些人通过各种手段挤入国家权力圈内，通过手中的权力来攫取经济利益；或者在拥有财富之后，用其来交换权力，从而保全自己的经济利益，我们不妨称之为"权钱交易"。

权钱交易用现代的名词解释也叫"经济犯罪"，腐败的根源都是因为权钱交易。随着惩处腐败的力度加大，权钱交易的风险也越来越大，但还有大量的官员对此趋之若鹜，甘冒天下之大不韪。我国古代有"三年清知府，十万雪花银"之说，历史上贪污之事层出不穷，其中最具代表性的当属和珅，他贪污几乎达到了毫无廉耻的程度。一位叫作汪如龙的官员送了他几十万银两，谋求肥缺。和珅立即回报，让汪顶替了另一位官员征瑞做了两淮监政。征瑞每年向和珅贡献十万两，可是眼睁睁地看着汪如龙得宠，霸占自己的官职，心中不悦，向和珅质问："和大人，吾每年也向国家（此国家乃和珅之家）贡献白银十万两，贡献如此之丰，何以迁我边关？"和珅抓住他的双手，用自己的双手盖在征瑞手上，笑眯眯地说："别人的贡献更大。"

征瑞自然无话可说。江苏吴县有个叫石远梅的人，专门贩卖珍珠，每个珍珠外面用赤金包裹成丸状，大粒值两万金，次等万金，最便宜的也值八千金。官员争相购买，向和珅进献，为的是保官升官。

　　上门进献也非易事。有位山西巡抚派其下属携银 20 万两，专程赴京给和珅送礼。可是连去了几次，也没人接待。一打听才明白，即拿出五千两白银，送给接待的人，这才出来一个身穿华丽衣服的少年仆人，一开口就问："是黄（金）的，还是白（银）的?"来人说是白的，少年仆人吩咐手下人将银子收入外库，给来人一张写好的纸柬，说："拿这个回去为证，就说东西已收了。"说完，扬长而去。送去那么多银子，连和珅的面也没见上！和珅把持朝政 20 余年，像这样的事，俯拾皆是。最终嘉庆帝宣布和珅的 20 条罪状，下令把和珅逮捕入狱，和珅并没有落得善终。

　　现在，各种监督机制日益完善，但一些人依然摆脱不了权钱交易的怪圈。权和钱之间的博弈到底孰强孰弱，其实没有分别，权和钱永远是合作性的博弈。也许我们还不可能完全消灭权寻钱，但我们却可以通过不断加强监督，加大惩治力度，减少腐败的产生。

第五章

消费要懂博弈论：

看紧钱袋，理性消费

超市里的面包为何难找

超市，作为一种外来的销售模式，正以舒适的购物环境，琳琅满目的商品，低廉的价格而赢得顾客的青睐，成为市民购物的首选之地，而且正在从大城市向中小城市席卷，从城市向周边地区渗透。逛超市，已经成为众多小资休闲生活中的一项重要内容。有商界人士预测，不远的将来，超市和类似超市的便利店将占据国家零售业的绝对"主力"。

真正的大型超市，不同于一般的商店，它基本上已经从过去纯销售物资的百货商店演变为包括衣食住行、购物和精神娱乐在内的一切围绕人服务的一个综合性的场所，超市，似乎已经成为一种形象，一种品牌，成为人们日常生活不可缺少的一部分。但围绕超市发生的光怪陆离的故事，又赋予了超市更多的内涵。

故事一

小吴夫妻都是城市的高级白领，丈夫在一家保险公司工作，业务做得顺手，事业红红火火，月薪上万元。小吴在一家专门为城市中产阶级妇女服务的杂志社工作，月薪也有五千多元。两人组合在一起，买房买车后，开始月月向银行"纳税"，感觉没有以前那么"潇洒"了。

夫妻俩在单身贵族时，都是典型的"月光族"，身边都没有什么积蓄，组合成家庭后，认为家里没有一笔积蓄难以承担风险，而且要为日后要小孩做一些准备。于是夫妻达成了储蓄协议。可惜夫妻都会挣钱，也更会花钱，两人在繁华地段买了住房，周围超市林立，一有空闲，小吴就拉着丈夫，夫妻双双逛超市，看见时尚、新潮的东西，追求标新立异的夫妇总要欣赏半天，在伶牙俐齿的助销小姐的花言巧语下，往往就毫不吝啬地刷卡买下。当夫妻发现买的东西并不是紧要东西，白白打乱了自己的"储蓄计划"，于是相互反复叮嘱，不能再被人唆使而轻易掏腰包。

为了说到做到，夫妻决定，以后购物，只有家里缺少什么东西，写上清单，然后才去购物，不是清单"计划内"的物品坚决不买。

但每当夫妻去购买自己"最需要"的食品时，总要穿过各种服装、装饰、化妆品、家居用品等长廊。日常生活需要的食品、瓜果总放在比较偏僻、不起眼的地方。在经过琳琅满目的各类货物长廊的时候，夫妻总是不自觉地停留下来，对那些时尚物品把玩半天，不时"慷慨"地刷卡，成为自己的囊中之物。而列入清单的必需品却成为购物高潮之后的搭头，匆匆捎上，几乎次次如此。

一年下来，夫妻工资涨了不少，但家庭里面堆积了一大堆看似时尚而一时又用不上的东西以外，存折上并没有多添一位数。夫妻很郁闷，为什么就忍不住上了超市的当呢？为什么就存不上钱呢？

故事二

2006 年 2 月，武汉中百仓储珞狮路购物广场的商家为了招揽顾客，别出心裁，特地请来"猪乐队"表演歌舞让观众欣赏。"猪乐队"由 9 只木偶猪组成，两只唱歌，两只跳舞，两只弹电吉他，一只吹萨克斯，一只打鼓，还有一只弹电子琴。"猪乐队"着装优雅，表情各异，有穿牛仔裤的，有穿裙子的；有的戴着墨镜，有的戴着耳环。有一只皮肤深褐色的快乐猪，爆炸式长发上别着漂亮的发卡，随着音乐娴熟地扭着身体。

商家将猪乐队放在不同商品区域"巡回演出"，无论到哪，都吸引了众多的男女老少，大家看得笑逐颜开。围着"猪乐队"迟迟不肯离开超市，超市人气激增。

据悉，木偶猪个个身价不菲，差不多"一只万金"，其中，外形设计由木偶厂完成，机械设计由武汉大学相关专家负责，化妆另请专业人士，耗时 3 个月，才有了现在的精彩表演。

两则看似毫不相干的故事却反映了超市的匠心独具，反映了一种经营策略的成功。我们说，故事一中，小吴夫妇收入不低，为什么却存不上钱，而大部分收入都送给超市了。这其中夫妻俩做惯了"月光族"固然是一个因素，超市经营所用的经营策略也未尝不是一个重要的原因。

我们知道，超市的目标就是要让顾客尽可能地多花钱，只有钱从"上帝"

口袋里转入超市的账户上，超市才有利润，才能盈利。而一般来说，顾客进入超市就存在花钱的动机，所以，我们可以说超市和进入超市的顾客存在"合作性博弈"的基础，可谓是一个愿打，一个愿挨。

然而，超市对顾客消费的需求是无限的，而很多顾客，都是缺少物品时才会进入超市，可见顾客自身的消费却是有限和有针对性的，所以，这里就存在无限需求和计划有限消费的矛盾，按照人和集体都是理性和自私的，作为超市，它自然就想着如何让顾客在自己的"地盘"尽可能地多消费，所以它就必须采取措施使博弈的天平向自己倾斜。

对众多顾客来说，生活消费品，特别是食品是消费的一项重要内容，很多消费者进入超市的主要内容就是直接购买自己需要的物品。对于超市来说，如果把顾客消费频率最高，需求量最大的物品摆在超市最前面、最抢眼、最容易找到的地方，那么大部分消费者买上自己需要的东西就会直接离去，对那些可买可不买，甚至根本没有购买欲望的消费品可能看都没有看，更加谈不上买的可能。

如果这样的话，显然对超市是不利的，因为让顾客看到、欣赏、产生购买的欲望和动机是买卖得以成功的前提条件。如果对超市试图推销的众多商品都没有让潜在的顾客看到，超市就成为买卖消费博弈的"弱者"。

因此，精明的超市总是把众多中高档商品，消费者并不急需的商品摆在显眼的地方，让顾客有更多发现、欣赏的机会。而把普通人家日日需要的食品和生活小用品放在超市里面，甚至让顾客历经艰辛，让他们在找到自己必须购买的物品之前，把超市琳琅满目的物品都"检阅"一遍。这样，超市众多的商品就得到更多的销售机会。

故事一中的小吴夫妇显然陷入超市和顾客的这场博弈陷阱。由于夫妻俩都有"月光族"的经历，都对新奇、时髦的中高档消费品有渴望拥有的欲望。因此，他们在为了购买自己的"必需品"时，就必须经过超市设立的"陷阱"，必须与各种高档时髦商品进行一场没有硝烟的战斗，可惜在这种欲望与诱惑的博弈中，夫妻失败了，他们的钱被掏空了。

他们的钱变成了一大堆耗费大量钱财却正在迅速落伍的时髦物品，而这正是超市所希望的，所以说，他们在与超市的博弈中失败了，他们一次次挨上超市的"温柔一刀"，可这"一刀"的起因却往往是因为要买填饱肚皮的一块难以"搜寻"的面包。

至于故事二中，超市为什么要"一猪万金"来让顾客产生"快感"，让顾客在超市看免费的娱乐节目。所谓再精明，精明不过商家，世界上没有免费的午餐，超市不会无缘无故让顾客在超市娱乐的，这同样是一种手段。

我们知道，很多人逛超市，逛商场，本来是没有购物欲望的，但在超市待了一段时间，走走看看，总忍不住买点东西，而有人统计过，在超市待的时间越长，购买的东西也就越多，购买的欲望也就越大。商家之所以请"猪乐队"来给顾客助兴，其目的就是让顾客在超市多走走，多看看，让顾客忘记自己是来买"面包"的，让更多的商品进入顾客的"法眼"，让顾客不知不觉产生购物欲望，让顾客不知不觉掏空了自己的腰包，让超市赢得金银满钵。

所以说，故事二中的"猪乐队"同样是商家的"陷阱"，同样是商家的博弈策略，只是众多的顾客自觉自愿地掉入了这个陷阱而不自察。

超市和顾客之间的关系既是合作的，但在某种意义上又是对抗的。对于超市来说，它采取种种措施让顾客在自己的"地盘"上留下"买路钱"，本身是无可厚非的。只要它出售的商品在出售那一刹那价格和价值"相符"，就可以放心大胆的实行它的策略。对于顾客来说，超市如果将自己最需要的物品放在最不起眼的地方，超市如果营造尽善尽美的购物环境，消费者就要警惕，这些都是超市的"温柔陷阱"，都是超市的博弈策略。

在这样的博弈中，如果消费者您有足够的钱，安心享受超市的一切，大把大把地消费，也无可厚非，毕竟"牡丹花下死，做鬼也风流"，会花钱才会挣钱。如果你钱不够多，甚至需要一分钱掰成两半用，那就单刀直入，直奔主题，买上自己的必需品，然后"非急需之物勿视，非急需之物勿听，非急需之物勿闻，非急需之物勿言"，发扬雷锋似的高尚觉悟，把花钱的机会"慷慨"地让给别人吧，或许这样才能保住你那只可怜的老母鸡。当然，这是个人隐私，不要轻易外传，要不超市会关门的，那大家想合作都没戏了。

◎ 会员卡，蜜糖还是毒药

会员制度、会员卡，当前在中国可谓也算是一种新事物。在各大商场，经常可以看见穿着时髦，举止优雅的红男绿女买了一大堆商品，潇洒地甩出会员卡和银行卡结账走人；也可以看见颤巍巍地老两口出示会员卡，用现金结算以后，一项一项地盘算着又省了几块钱。用会员卡能节省钱，似乎成为消费者的共识；用会员卡能吸引顾客，似乎让众多的商家恍然大悟，哦，还有这种营销手段。会员卡似乎成为商场、酒店、美容等一切服务行业吸引回头客的亮点；用会员卡消费，似乎成为一种时尚；您办了会员卡了吗？成为一种时尚的问候语。

然而，是不是所有的人都从会员卡受益了呢？会员卡到底是商家一项长期的战略性营销策略，还是暂时获取利益的手段，是不是所有的人都赞成或者使用会员卡呢？会员卡仅仅是一种盈利和省钱的博弈策略吗？

故事一

钱先生一家住在北京某城乡超市附近。超市物品丰富，种类齐全，基本上能够满足一家老小的基本需要，于是在超市办了张会员卡。虽然说每一件商品优惠不了多少。但算笔细账，一年下来，不仅少了奔波购物的劳累，也节省了近千元的开支，而且商场每到一定时期都推出打折，或者积分赠送物品，虽然东西价值不大，但感觉很亲切。钱先生一家都认为会员制度很好。

故事二

上海浦东金茂大厦的某知名酒店小有名气。张先生久慕其名，2004年8月花了2888元购买了一张该酒店美食会的会员卡，根据有关规定，凭该卡可以免费入住酒店标准间一天。自购卡以来，张先生曾多次去电话预订房间，酒店方面都称客满。2005年4月，张先生再次去电话预订3天后的客房，起初未说自己是会员时，该酒店称有客房，当张先生提及自己持有会员卡时，酒店就声称没房间了。张先生忍不住责问，会员何时才能免费入住一天客房时，一位王小姐说2个月后才能有客房，而另一位胡小姐则称1个月后会有客房，给人一种上了贼船的感觉，张先生都闷得不行。

故事三

超市实行会员制度，已经在众多城市遍地开花。家住北京丰台某小区的董洁女士看到居住区附近新开了一家超市，实行会员制，声称消费20元积累一分，积累到一定分数就能够换取电饭煲、洗衣机、冰箱等不同物品。董洁女士盘算一下，自己家里一年的消费少说也有几万，半年就可以积累到一台冰箱的分数。于是家中大到家用电器，小到一袋味精都在该超市买。一年下来，积累了上万分，等董洁女士带着家人兴冲冲去换冰箱却只拿到了一袋420克洗衣粉。原来，按照超市的解释，积累的分数3个月结算一次，不主动结算，自动作废。董女士发现像自己一样情况的人员不少，一起提出抗议。超市经理拿出会员规章制度，指出商场具有最终解释权，会员询问，商场具有告知的义务，会员不询问，商场不会主动解释。董洁女士顿时傻了眼，她觉得会员制简直就是"骗子制度"。

从理论上讲，会员制度是商家和消费者的一种合作性博弈。商家通过会员卡制度培养一批稳定的消费者，使自己有了固定的客源，尽管各种物品价格降低，利润减少，但薄利多销，仍然可以增大利润总额，获得理想的经济效益。对于会员来说，在这个商店是消费，在那个商店也是消费，成为一家有较高品位、价格合理的商家的会员，每件商品都比非会员减少那么一点点价钱，则不仅仅是直接经济上的节省，还省去了货比三家、来回奔波的购物成本，同样是间接上的节省。因此，对商家和消费者来说，会员制理论实际上是一种双赢的博弈。

但从上述各个会员的遭遇来看，现实生活中的会员卡制度并不是事先设想的那么美好。故事一中的钱先生显然成为一家比较规范的商家的忠实消费者，的确，商家和消费者双双盈利，这可能是当前最好的一种会员制度。故事二中的张先生显然就没有这么好的遭遇了，花了2888元成为会员，就是为了享受一下高级酒店的贵族享受，但为了这"免费的一天"，等了大半年还没有看见希望，尤其让人郁闷的是，会员不仅没有享受到承诺的权利,反而受到了歧视——以非会员的名义可以轻而易举地订上房间,而以会员的名义却被人家踢了皮球。无怪乎张先生感觉上了贼船,郁闷得很。与故事三中董洁女士一家的境遇相比,钱先生显然又幸运多了。董女士不仔细考察,让一家老小成为超市最忠实的客户,但一年的忠诚换来的却是一袋洗衣粉,不让董女士气破肚皮才怪。

如果说故事一中钱先生是一种比较理想的结局,那么故事二、三就暗示着会员制度存在着危机,从表面上看,酒店和超市是赢家,因为他们一点雕虫小技就让消费者大掏腰包,而自己却以种种理由"义正词严"地拒绝了应该返还给消费者的利益,可以说商家和消费者实行了一场一边倒的"零和博弈"。但从长远观点来看,商家显然是输了。在竞争日益激烈的今天,面对琳琅满目的商品和多如过江之鲫的商家,供求关系的主动权已经转到顾客手中,顾客成为真正的上帝,保持一批忠诚的顾客比发展一批新顾客要困难得多,而张先生和董女士慕名而来,成为回头客,显然是潜在的长期顾客,但商家为了眼前的九牛一毛之利,就把顾客推出了自己的服务队伍,这是一种短视的做法。

其实,故事二、三中的商家不是推走了一位顾客,而是一个顾客团队。中国有句俗语:好事不出门,坏事传千里。美国最伟大的推销员曾经说过一句话:让一位顾客满意,他可以带来8位顾客。这句话反过了也是一样。我们可以想象,张先生和董女士必然会反复告诫自己的亲戚朋友,不要到那些"黑店"消费,因为这样的会员制度,可以说像裹着毒药的蜜糖,起初尝试感觉很好,最终是坑了消费者,不过反过来也坑了商家自己,从长期来看,最终的受害者还是商家自己,所以这种短视博弈是不可取的。

其实,即使是像案例一中钱先生和商家的双赢博弈,很多顾客也不以为然。因为从心理学上来说,会员习惯了享受优惠,长此以往,对价格牌上的两个数字,会员们就不再有拣到便宜的感觉,而人都有猎奇求新的心理,在商品、商家、消费策略和方式不断推陈出新的今天,任何商家都不可能真正使顾客保持长期的忠诚。事实上,很多商家除了购物优惠外,还对会员卡都做出不少返利承诺,如有的商家规定会员购满1000元则可得到10元返利,还有一些专门针对会员推出的特价商品,还有的商家将会员购物进行积点排行,每年对排行前几名的消费者馈赠大礼以及定期举行抽奖等。这些使会员卡"看起来很美"。但实际上可以在规定期限内享受到返利的会员是极少数的，随着时间的推移，会员的热情只会降低。而非会员们的"委屈"却会依然存在：我一样是商场的消费者，可是却要受到不平等的待遇，难道超市也要搞"身份歧视"？也就是说，会员制度在稳定一批客户的同时，很可能又会丧失一批客户，一进一出，是否让商家真正盈利，也的确难以说了。至于像故事二、三中那种借会员卡而剥削顾客的事件，不但会损害自己的利益，而且会使受害者对整个会员卡制度产生怀疑，从而使这种制度最终难以实施。

当前的会员制度是一种"进口"商品，尽管中国古代商业界有过类似的方式，但现在的会员卡制度的确是从西方的营销方式中学来的，只是照猫画虎，形似而非神似。美国的普尔斯马特号称"会员店"的鼻祖，其创始人菲利普·科特勒曾指出：对未来的市场来说，首要的问题是通过帮助顾客解决实际问题，了解顾客的心理，降低管理费用并做好销售服务等措施赢得他们的信任，建立起本店的信誉。可见会员制的内涵应是服务关系、感情链接，而不是价格优势。商家仅仅依靠价格培养不了客户的真正忠诚，而应该是建立一套完整的顾客档案资料，其中包括他的全部历史资料、简历，甚至个人爱好，随时加强与客户的联系，为客户提供全方位的服务，使商家与消费者建立一种情感关系而不是简单的货币商品的消费关系。从这点来看，中国的会员制度还有很长的路要走。

会员制度本身是一种值得尝试和推广的制度，但如果鼠目寸光，只注重短期利益的话，很可能让会员制成为裹着毒药的蜜糖，他很可能会掏空顾客的腰包，也很可能会让商家风光一时之后一蹶不振。所以，把握会员制的精髓，扎扎实实地与顾客合作，也许路才会越走越宽。

◎ 购房买车两不易

安居乐业是中国人的理想追求，有一寒舍就足以让古人感到欣慰。杜甫《茅屋为秋风所破歌》中由己及人，渴望"得广厦千万间，大庇天下寒士俱欢颜"；刘禹锡则高声吟诵"山不在高，有仙则名，水不在深，有龙则灵，斯是陋室，惟吾德馨"，可见古人对蜗居的重视，对华屋的憧憬。然而残酷的现实，显示出一舍难求。可见，拥有自己的寒舍，一直是国人挥之不去的情结。

在计划经济时期，村里的人有钱就盖房，为的是早早备下儿女的洞房，建房子成为农村家庭的一件大事，能够建房子，也是一件很风光的事，所以农民兄弟最大的愿望是挣钱建房子，因为有了房子才能有媳妇，有媳妇才会有孩子，才能使家族得以延续；而城里的人最大的渴望就是"十年媳妇熬成婆"，依靠资历和地位熬出房子。然而，无论城里乡下，房子仍然不是一件容易的事情，家家户户，老老小小，四世同堂的局面仍然司空见惯。

改革开放后，道路宽了，市场活了，挣钱的途径也多了，农村人从土里扒，从城里挣，发现在自家一亩三分地上建房不那么困难了，高高兴兴地营造自己的安居。而城里人发现，尽管工资涨了，路子宽了，但过去的福利分房没有了，市场经济掀起了商品房的红盖头，房子仍然是一个大的问题。于是，攒钱买房成为城市人一项重要议题。当城里人为钱而辗转奔波的时候，出门却发觉，过去的"三里之城，七里之郭"已经在不知不觉中长大，街道变得越来越长，从城市的这一边到另一边，徒步不行了，自行车也力不从心了，"机动车"成为人们重要的交通工具，于是，买车也成为城市"小资"们一个重要的话题。

到底是买房还是买车，是先买房还是先买车，成为城市人一个重要的博弈难题。对于这一困境，不同人采取了不同的行动，给予了不同的答案。

故事一

陈先生是媒体从业人员，年龄29岁，目前存款6万元，月收入为4000元，是坚定的买房一族。在他看来，人在异乡为异客，如果居无定所，你总会感觉自己是异乡人，融入不到这个城市中来。况且，买车也不划算，油价在涨，车位要收费，这些开支还不如省下来买房实在。

故事二

孟小姐是广告公司业务经理，芳龄25岁，目前存款仅有3万元，月收入也不过3000元。但却是主张买车一族。她认为，车子虽然是消费品，但它可以方便自己拜访更多的客户，也就可以带来更丰厚的收入，买房压力太大，很容易把自己束缚在"月供"绳索下，而且自己还年轻，也不希望一所房子就把自己的将来拴在某个城市。

故事三

小李本科毕业后在一家广告公司工作，女朋友也在一家房地产公司当会计，两人的薪水都是3000元出头。经过几年的考验和磨砺，小李和女友决定结婚。他们俩既渴望自由的二人世界，又讲究舒适的生活质量。于是选中了一套两室一厅靠近市中心地区的新房，又意气风发地买上了私家车，成为有房有车一族。

但住进新房，驾上新车后，小李夫妇发现，他们只能过节衣缩食的苦日子，每个月三四千元的房贷占掉了他们工资的一半，而私车对两个打工族来说，根本上用不上，成为一个月月花钱的摆设。小两口愁眉不展，有苦难言。

拥有自己的房子是普通人最大的心愿，正如故事一中的陈先生所说的一样，有了自己的房子，才能找到安全感和归属感。所以，对大部分国人来说，买房是自己的首选。但故事二中孟小姐选择买车子，显然在房车之间做了个理智的博弈，因为按照她的个人收入，即使是在城市稍微好一点的地段买上一套小户住房，也基本上把她套牢了，她的收入基本上就是从手上过一下又送给了银行。而选择买车，显然对于跑业务的孟小姐来说，不但方便，而且提高了自己的品位，能够为自己带来更多的收入。而作为都是打工族的小李夫妇来说，一时意气，又是买房，又是买车，结果车根本上用不上，夫妻陷入了困境，不知何时才能熬出头，显然是不理智的做法。

到底是买房，还是买车，或是先买房，还是先买车。关键还是要善于理财，要根据自己的经济实力来进行一场投资博弈。

首先我们看看房子和车子的使用效能。房子和车子都是消费品，购买之后都会慢慢变旧，都会贬值，所以，买房买车都必须慎重，不能随意投资。相比较而言，房子属于生活必需品，不可或缺；车子属奢侈品，可有可无。但从心理上来说，房子这个必需品在心理满足指数上远远低于车子这个消费品。你买个别墅或者豪房，总不可能三天两头请朋友来家里玩吧！有房而无人来赏，如衣锦夜行。而有车则不同了，驾驶自己的车跑业务，开拓市场，很容易给人财大气粗的感觉；驾驶自己的车拜会朋友，参加派对，也给人以成就感。所以有房子是自个儿享受，就像娶了媳妇放在家里，即使不漂亮但贤惠，有个归属感，如果又漂亮又贤惠，那是前世修来的福气；而有车是有面子，宛如带着个漂亮的情人，可以带着到处炫耀，至于怎样供养自己的情人，贤不贤惠，那就只有自己知道了。

其次，从价值属性来看。房子和车子都是个人资产，某种意义上房子属于固定资产，车子属于流动资产，房子和车子既可以当作生产资料，也可以当作生活资料。如果当作生产资料，必须利用它们创造剩余价值，牟取更多的收益，使它们成为会下蛋的"鸡"。但要转换为生产资料是需要一定成本的，至少需要有两套房，或者将自己的房子高价租出去，自己再租低价房住，赚取价差。但对于大部分国人来说，都属于工薪阶层，能支付首付，按时"月供"，让自己和家人住进寒舍就不错了，让房子成为生产资料暂时是一个可望不可即的梦想。但像故事二中的孟小姐，不买房而买车，使车成为自己的生产资料，挣取更大的利润，显然是正确的。如果房车都作为生活资料，显然根据经济实力，还是先娶了媳妇再说，情人嘛，等有了资本再谈，不然很容易陷入故事三中小李夫妇的困境。

另外，从特定的消费趋向看。一个城市的黄金地段毕竟有限，即便是城市不断发展，新的小区宛如雨后春笋不断涌现，但各项条件配套，有利生产、生活、学习的区域相对较少。这就是很多人买房子，用了一段时间后，还能够比原来更高的价格卖出去的原因，因为一个城市综合条件好的地方有限，因此，一套好的房子它潜在的效益在正常情况下是大于它的折旧费的。而车子则不同，人们买车子，用了一年半载，必然大幅度贬值，年岁越久，价值越低。从这个角度来说，车子还真是一个名副其实的情人，最初花大价钱买来，年复一年，只能是人老珠黄，急剧贬值。所以，如果房车暂时只能作为生活用品，就还是买房吧，毕竟娶来的媳妇受到法律保障，更有安全感和归属感，而且"筑巢引凤"后，小夫妻俩能举案齐眉，同甘共苦的话，生活资料转变为生产资料的机会还是有的；而买来的情人尽管好看，但在经济实力有限的情况下，生活资料不能迅速转换为生产资料创造剩余价值的话，只见支出，不见收入，开销大了，让自己捉襟见肘。

所以，买房还是买车，关键在于根据自己的经济实力、家庭情况、个人发展展开正确的博弈。如果你月薪 2000 元左右，有存款 5 万元，但是职业经理人，经常在外"跑江湖"，建议不妨像故事二中的孟小姐一样先买车，带着"情人"谈业务，提高身价，让"情人"帮自己拉业务。 而故事一中的陈先生作为"京漂"一族，必须得"筑巢引凤"，成家立业，所以还是先买房。如果你月薪 5000 元，有存款 15 万元，或是办公室人员，或者公司有车，或者根本无须经常外出，还是寻找好的地段买一套房子，希望早日让生活资料成为生产资料。如果你月薪万元以上，存款 30 万元，女朋友收入也差不多，两人感情稳定，贷款买车子和房子都不是大问题，不仅可以有房有车，甚至还可以多买套房子做投资用。

拥有自己的房子，是历来国人的梦想，是安居乐业的"首付"；而如今私家车不只是代步工具，进而成为时尚的选择、个性的标志、移动的办公室、化妆间、更衣室时，以至于"先买房还是先买车"成了年轻的城市白领们的烦恼。其实解开这个结也是很简单的问题，一是看经济实力，二是看现在或者未来的职业走向，如果你是上班族，还是别花心，买房，好先娶上媳妇再说；如果自己创业或者准备自己创业，那还是买车，把其作为生产资料，在"情人"风华正茂的时候创造更多的利润，为娶上漂亮媳妇做"嫁衣裳"。只要善于投资，正确博弈，短期内娶上媳妇，带上"情人"也不是梦想。

◎ 为什么工资上涨，消费下降

在世界很多人看来，中国将会成为新世纪经济年代之星。美国《商业周刊》指出，假如经济成就卓越也有奥斯卡颁奖典礼，整个 20 世纪 90 年代美国必定问鼎冠军，80 年代的赢家是奉行终身就职制的日本，70 年代则属于德国。但是，步入世界经济行列的中国以超乎寻常的经济增长使其成为 90 年代最佳发展中国家。在世界经济普遍不景气的环境下，我国的经济发展一枝独秀，经济增长速度始终保持在 8% 左右，2005 年，国民生产总值已跃居世界第六，有人预测 15 年后，到 2020 年中国的国民生产总值将跃居世界第二位。 中国外汇储备总体规模在 2006 年 2 月底首次超过日本，位居全球第一。所有的数据似乎显示，中国的一切似乎都在欣欣向荣，中国似乎成为世界经济发展的火车头，成为世界经济增长的发动机，中国人似乎可以欣欣然以经济强国自居，历史上少有的所谓"盛世"似乎再次降临中国，然而，事实果真如此吗？

数据一

数据显示，我国人均年收入是芝麻开花节节高。1996 年到 2000 年中国城镇居民可支配收入分别是 4839 元、5160 元、5425 元、5854 元、6280 元，中国农村居民人均纯收入是 1926 元、2090 元、2162 元、2210 元、2253 元。到 2005 年，我国城镇居民人均可支配收入达到 7902 元，扣除价格因素，同比实际增长 9.8%；农民人均现金收入 2450 元，扣除价格因素，同比实际增长 11.5%。

数据二

2005 年 10 月末，人民币各项存款余额为 28.15 万亿元，同比增长 19%，其中人民币居民储蓄存款余额为 13.68 万亿元，同比增长 18%，当月人民币各项存款增加 1583 亿元，同比多增加 130 亿元。2005 年 8 月中下旬，中国人民银行在全国 50 个大、中、小城市进行了城镇储户问卷调查，结果显示城镇居民储蓄意愿增强，消费意愿下降，认为"更多储蓄"最合算的居民人数占比为 37.9%，较上季提高 1.6 个百分点，较上年同期提高 4.5 个百分点。

数据三

国家统计局资料显示，从 2000 年至 2004 年，我国消费率分别为 61.1%、59.8%、58.2%、55.5%、53.9%，呈现持续走低趋势，2005 年降至改革开放 25 年来最低点。

从各种数据来看，我国的经济是在一直不断地发展，中国经济"一枝独秀"不是夸大之词，但是，从 2000 年起，我国就出现了工资增长，收入增加，银行存款节节攀升，而消费水平却不断下降的奇怪现象，这是极不正常的。原因到底出在什么地方呢？

一些数据和现象似乎可以找到蛛丝马迹。同样的调查显示，目前我国80%以上的劳动者没有基本养老保险，85%以上的城乡居民没有医疗保险。对于大多数城镇家庭来说，住房、子女教育、医疗是家庭负担中最主要的部分，号称压在人们头上的新"三座大山"。我们以教育为例，来看我国普通家庭的沉重负担，这实际上也是人民收入与政府改革之间的一场博弈：

长期以来，高等教育似乎是一项福利政策，不仅不交学费，而且还可以享受各种补贴。但从1996年开始，中国高等教育试行并轨招生，学费一下子涨过了2000元，这在当时引起了轩然大波，然而，这仅仅是一个开端。1997年全面并轨后学费徘徊在3000元左右。但2000年的收费标准猛涨，教育部门发出的通知规定："从2000年9月新学年起，对北京地区高校年度学费标准进行上调，最高上限上浮20%，一般专业一般高校为每年4200元，重点院校为5000元；理工科专业一般高校为4600元，重点院校为5500元；外语、医科类专业一般高校为5000元，重点院校为6000元。"但事实上，教育行政部门规定的收费标准只是一个指导性标准，很多民办学校的收费到2005年已经达甚至突破到了万元大关，即便是这样，大学学费就像一句名言所说的那样——没有句号，只有逗号！而与此同时，我国人均收入并没有如此"积极向上"。从数据一显示的数据可以看出，大学生的教育支出占家庭收入的比重是越来越大，1996年学费涨到2000元，已经占城镇居民一年收入的一半，而农村家庭的纯收入已经不足以供养孩子的大学消费，此时，百姓在巨大期望值的支持下还可以忍受，但教育似乎成了一个"无底洞"，节节加码。

仅此一项，就让有孩子上大学的家庭背上了沉重的经济压力，这还没有考虑吃饭、穿衣、医疗、养老等费用。

与教改几乎同时进行的是住房改革、社会保险改革、医疗改革，其变动幅度之大，影响之深，与教育改革相比有过而无不及。从改革本身来看，住房、教育、社保、医疗等改革本身就是改革深化的表现。但国家行政职能部门往往只从本部门利益出发，把步子迈得过快、过猛，急于求成，其结果是让普通百姓的支付成本急剧上升。各个部门蜂拥而至，则让人们捉襟见肘，难以为继，只能把自己仅有的钱存入银行以应付随时可能出现的风险，以至于银行存款增加，社会消费总量持续低迷，反过来又造成生产能力的过剩，拥有资产的部门和高收入者也缺乏投资途径和领域，也只能把大量资金存入银行，这实际上就造成了一种恶性循环，造成国家、集体、个人的零和博弈。

事实上，普通百姓在应付房改、教改、社改、医改之后，还有多少钱可以消费，还有多少钱存入银行呢？因此，我国消费率节节下跌就很正常了，而且银行的巨额存款，人均万元的存款，是否真正属于百姓也就很值得怀疑了。

在普通百姓捂紧口袋的同时，我国却同时出现了巨大的高消费市场，以至于让各国跨国公司，让世界经济界人士喜不自胜。美国《商业周刊》2006 年 2 月报道：5 年前，中国大陆箱包、鞋、珠宝、香水等奢侈品的销量只占全球销量的 1%。但目前，这一比例已达到 12%，中国已成为全球第三大奢侈品消费国。该公司分析师预言，不出 10 年，中国可能将超过日本和美国，成为世界最大的奢侈品市场而且是"全球最赚钱的奢侈品市场"。的确，在国内为一顿饭、一件文胸而一掷千金的大有人在；1000 万元一辆的跑车、50 万元一块的手表、10 多万元一套的套装、豪华私人游艇、私人飞机……一个个"顶级"产品，发达国家尚且需求有限，而国内却似乎成为"无底洞"。

一个国家在收入不断增长的同时，储蓄不断增长，消费却不断下降，而且支撑偌大消费市场的不是普通社会成员，而是社会的特定阶层。这一变化本身就意味着社会分化严重，不同阶层之间的收入、福利、消费差异巨大。而中国社会历来讲究"不患寡而患不均，不患贫而患不公"，差距的增大容易加重不同社会阶层之间的矛盾，引发社会动荡，而一个动荡的社会，只会使整个社会发展水平大幅度后退，只会使所有社会成员都受到损失，形成一种零和博弈。所以，工资上涨，消费下降，这无疑是一种征兆，告诫我们，社会生病了，我们的社会、我们的改革，是该好好反思了。

鸡鸭鱼肉与乌龟王八

中国的饮食文化风靡世界，无论过去还是现在，开设中餐饭馆成为无数奔赴异国他乡谋生的华人的首选。中国饮食以色、香、味俱佳而征服世界，但围绕饮食文化而发生在国内外的事件形成的巨大差异，却值得每一个国人深思，我们是否在"吃"上下的工夫太多。

镜头一

2005 年 7 月，几位中国扶贫基金会从北京派来寻访当地贫困大学生的志愿者走家串户，深入调查，撰写报告以便基金会有针对性地进行资助。调查期间，志愿者们看到是家庭年收入不到 2000 元，姐弟 3 人都面临着辍学的危险，房子年久失修只能用硬纸壳遮风挡雨，5 毛钱的鸡蛋在学校还舍不得买来吃等一幕幕惨境，志愿者震惊了。但更让他们感到震惊的是临别前当地教育行政部门给他们准备的"盛宴"。寥寥 6 个人，却是鸡鸭鱼肉一应俱全，当得知喝的是进口的"人头马"时，志愿者们实在喝不下去，想到当地的贫困现状，不禁黯然泪下，弄得宾主双方都很不"愉快"。

镜头二

2006 年 4 月 18 ～ 21 日，中国国家主席胡锦涛访问美国，与过去两国领导人直接见面相反，胡锦涛首站抵达的却是到西雅图参观访问微软总部。微软总裁比尔·盖茨不仅亲自率员热烈欢迎，还盛情在自家豪宅备晚宴为胡锦涛一行接风。然而这位全球首富用来招待人口最多、饮食文化最丰富的国家的主席却仅仅三道菜，前菜：烟熏珍珠鸡沙拉；主菜：选择有华盛顿州黄洋葱配制的牛柳排或阿拉斯加大比目鱼配大虾；最后的甜品是牛油杏仁蛋糕。简单而实惠，如此而已。

中外在吃上的态度和消费实在是让人震惊。一个贫困县，一个素称是清水衙门的教育部门，几个无权无势的志愿者，居然能够得到满桌鸡鸭鱼肉，满口"人头马"的待遇。与此相比，国家主席胡锦涛一行受到的招待就显得普通得多，仅仅是三道菜。这难道仅仅是两种偶然的现象，这实际上是两种文化、两种民族习惯的较量与冲突，到底哪种吃文化更科学、更进步，哪个民族更有发展的潜力，这是不言而喻的。

镜头一中的事件，要不是没有见过"大世面"的志愿者的责难，要不是志愿者的自我曝光，估计这样的事情也就过去了。但这样的事情在中国每天会发生多少，每年又会发生多少，在尚有两千多万人口还没脱贫，还有几千万人口生活在温饱线上的国人每天又在浪费了多少，众多的"人民公仆"每年又吃掉了多少，国人心里有数。

镜头二中，作为世界的首富比尔·盖茨，他难道"大吃大喝"不起吗？他难道"高消费"不起吗？他是真正"富可敌国"的富翁，为什么在"吃"上还是如此的"寒碜"？两者对照，我们必须思考，国人为什么如此热衷于"吃"？热衷于"吃"是不是仅仅一小撮？中国的"吃"文化会对我们的国家，对我们的民族，对我们的未来造成怎样的后果。

其实，我国从普通百姓到上流社会对于"吃"都是很讲究、很注重。君不见，平时小康之家，也要做上三五个菜，团团圆圆聚在一起吃上一顿，逢年过节，饮食更为丰富；来了亲朋好友，更是"倾囊而出"，一桌子饭菜，琳琅满目，应有尽有，尽管谁都知道吃不完，会造成巨大浪费，但要的就是这种气势，这种热情，当然，事后全家吃剩饭剩菜，那也是常有的事情。

普通人家的"吃"，以"吃饱"为最低要求，以"吃好"为最高追求，能够每隔几年上一个台阶，估计也就心满意足了。目前，小康之家能够吃上"鸡鸭鱼肉"，估计一般都"欣欣然"，偶尔能够"超标"，吃点"乌龟王八"的话，也能够让全家回味好一阵子。相对于百姓的"小吃"，我国社会还存在一种"大吃"。"大吃"的主体主要集中在两类人身上，一种是腰缠万贯的私人老板，再一种便是有权吃"阿公"的官员，这一类型的"吃"，吃的是气势，吃的是排场，吃的是新奇，吃的是刺激，按照他们通俗的说法是：鸡鸭鱼肉赶下台，乌龟王八爬上来，燕窝鱼翅摆上台，冬虫夏草才够味，虎鞭熊掌最气派。最初吃的是大家常见的鸡鸭鱼肉；鸡鸭鱼肉吃腻了，于是乌龟王八、燕窝鱼翅登上了舞台；但当乌龟王八能够大量人工繁殖的时候，能够显示豪华与气派的就只能是珍禽异兽，于是濒危动物又成为宴会上的"亮点"和"特色"；当这些也吃腻了的时候，就开始吃"人"了，最开始是长沙出现的"人乳宴"，不久昆明又现"人体宴"，接着哈尔滨又爆"胎盘宴"，不知道能够"大吃"之辈下一步还能吃出什么"品牌"和"特色"来。

由于自上而下对吃的热衷，据统计，中国人在"吃"上是惊人的，浪费也是惊人的。2005年"十一"黄金周，仅武汉市每日剩饭菜量500吨、泔水200吨，以全年计，全国每天在餐桌上的浪费竟达13万吨。当然，在这巨大的消费和浪费中，最大的一笔就是公款吃喝。这笔庞大公款"吃"的主体当然是国家的政府官员，其次可能就是和政府官员沾上各种关系的各类人员，在镜头一中的志愿者大约是没有享受过这种公款消费的架势，以至于大惊失色，让习惯于大吃大喝的"人民公仆"无意中曝光于社会公众之下，估计被曝光者心里好不懊悔与郁闷——一帮不识抬举的家伙，吃点人家的还嘴硬，懂不懂吃人嘴软，拿人手短的规矩。

中国人为何如此热衷于"吃"，这既有历史原因，也有现实原因。

中国人的饮食文化一直在匮乏与丰富、节俭与浪费、粗犷与精心之间徘徊，存在两种饮食文化之间的博弈。

一方面，由于我国东面临海，西面是戈壁沙滩、高原山地，北面是苦寒不毛之地，南面是炎热的赤道，因此，中华民族长期只能在黄河流域繁衍生存，几千年来过着脸朝黄土背朝天的生活，农耕经济、小农经济是中国最大的特色，这种经济的一个最大的特点就是靠天吃饭，气候的变化，直接决定了年成的好坏，也就决定了普通社会群体能否"吃饱"进而"吃好"的问题。

另一方面，由于我国地域辽阔，地理环境多样，气候条件丰富，动植物品类繁多，这又为我国的饮食提供了坚实的物质基础。我们的祖先们在漫长的生活实践中，不断选育和创造了丰富多样的食物资源，使得我国的食物来源异常广博。如此一来，我国就存在两种差异较大的吃文化，一方面，对于普通百姓来说，一年辛苦到头，交税纳粮之后，如果能够保证一家老小"丰衣足食"，也就谢天谢地，而事实上，由于天灾人祸，老百姓这种最低生活标准也难以达到要求，因此孟夫子得出"民以食为天"的结论，在中国民间，"吃"文化是简单、俭朴、单调，甚至还要借助五谷杂粮之外的土豆、红薯、野菜等维持温饱，这就在民间形成了一种"吃饱吃好"的渴望和期盼。

与百姓常年处于饥饿半饥饿状态相比，掌握了国家经济资源和政治资源的社会上层，则创造了一种丰富多彩、洋洋大观的饮食文化。历代统治者凭借自己的权利和财富，不断地在饮食文化上"创新、创新、再创新"，注重"食不厌精，脍不厌细"，通过千百年的积累和摸索，终于形成了一套时尚典雅丰富的中华贵族饮食文化。

我们知道，不管哪种饮食文化更文明、更进步，居于统治地位的意识形态、生活习俗在博弈中总是占上风的，这就意味着，百姓的饮食文化总是向上层看齐的，而最上层的饮食文化、习俗又是一层一层向下层渗透的，被自己集团内部下层人士羡慕和效仿。

在近现代历史长河中，中国屡经动荡，社会下层一直在生死饥饿线上挣扎，"吃饱"成为奢望，"吃好"更加成为幻想。但对社会上层人士来说，传统的丰富典雅的饮食文化仍然一代代继承下来被完好地继承并发扬光大。

改革开放后，国人的口袋逐渐的鼓胀，"人民群众日益增长的物质文化同落后的社会生产的矛盾"正在逐步解决，国人的物质匮乏现象的确得到极大的改善。在物质丰富后，长期压抑在国人内心中"吃饱吃好"的思想终于得到释放，于是就出现了举国上下注重"吃"的壮观场景。

第六章

投资要懂博弈论：

以最小的投入获得最大的收益

◉ 先有鸡，还是先有蛋

先有鸡还是先有蛋的问题是一个两难命题，一直被好事之人用来非难他人，就是许多生物学专家也喜欢探讨这个问题。但从进化论的角度说，不存在到底是蛋生鸡还是鸡生蛋的问题，因为，无论是鸡还是其他生物，一个物种的早期成员都是其他一种相近物种的后代。

撇开进化论不谈，所谓的先有鸡还是先有蛋，说来说去就是质问"第一只鸡"和"第一枚鸡蛋"到底谁先谁后的问题。

说到这里，即使是生物学专家们也不好回答了，只能是喋喋不休地探讨所谓的脱氧核糖核酸之类。但如果从博弈的角度来说，鸡的家族能够"鸡丁兴旺"，成为人们日常生活中不可缺少的美食，关键在于人类让"第一只鸡"和"第一枚蛋"都很好地保存下来，也就是说人们可能意识到鸡可以生蛋，蛋可以变鸡，这使得鸡生蛋、蛋生鸡、鸡再生蛋、蛋再生鸡，子子孙孙，无穷尽也，等鸡的家族繁衍壮大了，人们再磨刀霍霍向鸡、蛋，这样既保证了鸡、蛋的"可持续发展"，也让人类的生活得到丰富。可以说，我们的祖先在掌握了鸡生蛋、蛋变鸡这一公共知识后，有意或者无意中与鸡类先祖进行了一场成功的合作性博弈。

如果我们把鸡蛋理论再运用到我们现代商品社会，在一定程度上能够解释某些群体的贫富悬殊问题，能够解释对于很多商机为什么有些人视而不见，而有些人却能够演绎鸡蛋相生的神话。

故事一

中国东星集团的董事局主席兰世立当年开始创业时口袋里只有300元钱，但敢于投资，不断进取，如今兰世立个人拥有的资产已超过20亿元。

20世纪80年代末，兰世立偶然去香港出差，看见酒店结账时用电脑打出单据，觉得其中大有"钱（前）途"，于是借钱注册了一个电子有限公司，租赁一台旧电脑，在武汉大学附近专门为客户打字，当时许多学生忙着写毕业论文，可谓是供不应求。依靠打字获得第一桶金，公司不断扩张，成为 IBM 电脑的华中地区代理商。

随着电脑的普及，兰世立却主动退出电脑行业，原来众多商家蜂拥而至，低价倾销，市场鱼龙混杂，高利润期过去了。兰世立在做电脑生意的时候发现在业务往来中，过去那种请客吃饭先去买票再取饭菜的方式很不方便，于是他搞一家装修豪华的饭店，让客人坐在那里点菜，不用再跑来跑去。1992 年第一家饭店开业一年，就赚了 1000 万元。

开饭店几年，兰世立在武汉郊区买了一块地，准备建公司的发展基地。1994 年开始，政府开始严抓公款吃喝，高额利润又过去了。兰世立把饭店卖了出去，进军房地产。

在房地产方兴未艾之际，兰世立看到人们生活改善，出国旅游、航空运输成为未来的黄金行业，又转向了新的领域。从商 20 年，处处抓住先机，成为商界的不倒翁。

故事二

一对河南普通夫妇，在 20 世纪 80 年代初因为超生罚得一无所有，只能到广州打工。

丈夫最初在一家搬家公司做了一阵，收入不是很理想，一次在给一个做水果生意的老板搬家过程中，得知水果的生意比较好做。经过几天的市场调查和摸索，丈夫拿着当月的薪水 500 元，用一副担架开始了他的水果生意。最开始是到处晃悠，成为游击队，坚持了两年，又积累了几万块钱，于是买了个小店铺，开了个夫妻水果店。本着诚信经营的原则，从一开业店内就承诺缺一赔十，保证了客源。在生意好的基础上，他们又开展了一些比较新颖的产品，比如水果花篮，一些水果大礼包，包装华丽，价格也不贵，生意更加火爆！

随着生意的不断发展，人员由最初的两夫妇发展到招募员工，于是他们在水果店的旁边又租下了一个铺子做蛋糕店，现做现卖，薄利多销。现在夫妇在广州已经买了房，把小孩接过来，过上了小康生活。

从上面的事例我们可以看出，无论是故事一中的大集团董事，还是故事二中做小本生意的夫妇，他们都很珍惜自己的第一只鸡或者说第一枚蛋，而且实施了鸡生蛋、蛋变鸡的发展历程。事实上，他们的鸡也好，蛋也罢，本钱都不过是区区几百元钱。但对于自己的唯一老母鸡，并没有采取杀鸡取卵、饮鸩止渴的策略，而是寻找投资机会，大胆进入，不断进行资本扩张。

故事一中的董事可谓是一个有着超前意识的博弈者，他能够从一张小小的账单看到电脑的前景和"钱（前）途"，提前获得信息，又能够有勇气把自己的唯一资本投入租赁店面，搞电脑打字业务，进而成为品牌机的代理。在经营电脑能够获得利润成为公共常识的时候，他从生意交往中看到餐饮业的前景，于是投资建设当地最优质的餐饮服务，其后进军房地产、旅游业、航空运输业，成为商界的"不倒翁"。从我们现在的视角来看，这位商界奇人也没有什么特殊经历，电脑、餐饮、房地产等行业，如果有资本、会经营，都能够获得较高利润，这些现在看来都是公共常识。但仔细分析，我们可以发现，这些公共常识还是有一个由少数人掌握到为大众知晓的过程，这位董事精明就在于都能够提早一步获得，提前进入相应领域，在公共常识为大众掌握的时候，又能够果断退出，进入更新更有发展"钱（前）途"的领域。这就是使他在与众多对手博弈过程中始终掌握主动，始终走在前面；更为关键的是，他的鸡生蛋、蛋变鸡的策略一直没有停滞，而是不断地进行资本积累和扩张，这就使他在商海中始终遥遥领先，独占鳌头。

故事二中，普通夫妇的事迹更具有代表性。在获得信息后，丈夫能够核实后迅速投入，难能可贵的是，他用中国老百姓的勤劳朴实开展自己的原始积累，从一副担架到一个小店铺，从游击战到阵地战，从个体户到雇用他人，反映了一个鸡蛋演绎的真实历程。其中的博弈谋略也不过是用诚信来求得合作性博弈，用创新来扩大自己的经营规模。

如果说故事一中的董事发迹需要超前目光，但故事二中卖水果能挣钱，开店铺能盈利，诚实守信能够赢得回头客，这些都是公共常识，但为什么有些人就不会，为什么有些人就做不到？

一方面，很多人认为，做事业需要很大的本钱，而他们的工资、福利在他们眼中太小太小，当生活中出现"清货大减价"、"新型手机"、"今季新款时装"这些诱因时，他们毫不犹豫地把自己的第一只鸡、第一枚蛋给消灭了，他们盼望着下月的工资，盼望着彩票中上几百万，所以他们手中始终只有一只鸡或者一枚蛋，而又始终采取"杀鸡取卵"的办法去满足自己的欲望，所有他们永远没有"第一桶金"；第二是很多人不愿意去冒风险，不愿意通过诚信来赢得合作性博弈，不愿意从一副担架的原始积累做起，他们渴望暴富，他们希望一口气把别人的鸡和蛋全部攫取为己有，这就使他们很难甚至不可能让自己鸡蛋健康繁衍。所以，很多人只有一只鸡或者一枚蛋，甚至什么都没有。

其实，如果有鸡或者蛋能够让自己致富，即使没有鸡、蛋，同样可以"借鸡下蛋"，当然，就需要更多的超前意识，需要在信息成为公共常识前成为自己的"金鸡"或者"金蛋"。

故事三

1992 年，张连毅于清华大学毕业后赴美国读 MBA 课程，1998 年回国。33 岁的张连毅回国创办了一家名叫捷通的软件公司，自己出任总经理。

对编程一窍不通的张连毅认为，信息产业中软件行业的生命力要远远大于硬件行业，它不需要过高的投入，利用的是人脑资源，还能借鉴别人已经做出来的东西，资源可以被反复利用。

在中关村创业，他的策略是"借鸡生蛋"，即与清华大学、中科院等大机构的成熟技术有机结合，然后按照自己的理解将产品推向市场。通过不断推出"语音伴侣"、"捷通录易手写输入法"以及"飞达多媒体电子邮件系统"等一系列应用软件，产品独特的市场定位以及良好的实用性能吸引了客户，市场占有率节节攀升。经过两年努力，终于使自己的公司脱胎换骨。

张连毅采用了"拿来主义"，也就是"借鸡下蛋"。我们说要产蛋，先得有鸡，或孵，或买，这是常识。然而，在市场经济高速发展的今天，独门信息很快就会变成公共常识，自己没有鸡：孵，来不及；买，买不起。唯有借鸡吃虫，产蛋卖钱，才是上策。"借鸡下蛋"，实质是一种合作博弈：一方赚"蛋"钱，一方挣"鸡"钱。

当今时代，社会分工越来越细，独家经营已不多见。即使是同一行业，其不同的环节，也是被不同的企业分担，没有实力还要大小通吃，只能使自己陷于被动。因此，抓住时机，"借鸡下蛋"，开展合作博弈，利益分成，使信息变成自己的鸡和蛋。否则，市场瞬息万变，等你攒够买"鸡"钱，"虫子"早被吃光。届时，不仅产不出"蛋"，还得倒找"饲料"。所以，在有信息，没有鸡时，借鸡下蛋，也是一条双赢的捷径。

总之，鸡和蛋的多少，本身不太重要，重要的是：一找准信息，二大胆投入，三展开合作，使信息在大众化之前，让自己的鸡成为金鸡，让自己的蛋成为金蛋，甚至是借鸡下蛋，而不要在乎先有鸡还是先有蛋。

◎ 彩票、赌博与投资

对于股市或者投资而言，更大笨蛋理论只是告诉人们要有投资的勇气。但是在投资的时候还是不能盲目，需要有聪明、冷静的头脑和过人的技巧。如果盲目投资，一哄而上，你有多少钱都会成为更大的笨蛋。

几年以前，美国加州一名华裔妇女买彩票中了头奖，赢得 8900 万美元奖金，创下加州彩票历史上个人得奖金额最高纪录。当消息传开之后，一时之间很多人跃跃欲试，纷纷去买彩票，彩票公司因此而大赚了一笔。

然而，从数学的角度来看，在买彩票的路上被汽车撞死的概率远高于中大奖的概率。每年全世界死于车祸的人数以万计，中了上亿美元大奖的却没几个。死于车祸的人中，有多少是死在去买彩票的路上呢？这恐怕难以统计，因而"死于车祸的概率多于中奖"也成了无法从当事人中调查取证的猜想。

既然赚钱的概率这样渺茫，为什么还有这么多人趋之若鹜呢？就是因为人们对赚钱的渴望，对中彩票的愿望实在太强烈了，这种愿望甚至超出了理智的范畴。盲目投资，则无论投资什么都不可能达到预期的目标。

在概率论里，"买彩票路上的车祸"和普通的车祸是完全不同意义的事件，是有条件的概率，这个概率是建立在"买彩票"和"出车祸"两个概率上的概率。不管怎么说，这都应该是一个极小的概率，但它的概率居然比中大奖的大，可见中大奖的难得和稀奇。

实际上，彩票中奖的概率远比掷硬币连续出现 10 个正面的"可能性"小得多。如果你有充裕的空闲时间，不妨试试，拿一个硬币，看你用多长时间能幸运地掷出连续 10 个正面。实际上，每次抛掷时，你都"幸运"地得到正面的可能性是 1/2，连续 10 次下来都是正面的概率是 10 个 1/2 相乘的积，也就是 $(1/2)^{10}$=1/1024。想想吧，千分之一的概率让你碰上了，难道不需要有上千次的辛勤抛掷做后盾吗？以概率的观点，就不会对赌博里的输输赢赢感兴趣了，因为无论每一次下注是输是赢，都是随机事件，背后靠的虽然是你个人的运气，但对于赌客来说，概率却站在赌场一边。赌场靠一个大的赌客群，从中抽头赚钱，而赌客如果不停地赌下去，构成了一个赌博行为的基数就会非常大，每一次随机得到的输赢就没有了任何意义。在赌场电脑设计好的赔率面前，赌客每次下注，也就都没有意义了。

从某种意义上来说，同样的投资工具，比如期货，你可以按照投资的方式来做，也可以按照赌博的方式来做——不做任何分析，孤注一掷；同样的赌博工具，比如赌马，你可以像通常人们所做的那样去碰运气，也可以像投资高科技产业那样去投资——基于细致的分析，按恰当的比例下注。

但是赌博和投资也有明显不同的地方：投资要求期望收益一定大于 0，而赌博不要求，比如买彩票、赌马、赌大小……的期望收益就小于 0；支撑投资的是关于未来收益的分析和预测，而支撑赌博的是侥幸获胜心理；投资要求回避风险，而赌博是找风险；一种投资工具可能使每个投资者都获益，而赌博工具却不可能使赌客都获益。

投资也是一种博弈——对手是"市场先生"，但是，投资和通常的博弈不同。比如下围棋，下围棋赢对手一目和赢一百目结果是相同的，而投资赚钱则是越多越好。由于评价标准不同，策略也不同。

对于赌大小或赌红黑那样的赌博，很多人推荐这样一种策略：首先下 1 块钱（或 1%），如果输了，赌注加倍；如果赢了，从头开始再下 1 块钱。理由是只要有一次赢了，你就可以扳回前面的全部损失，反过来成为赢家——赢 1 元，有人还认为它是一种不错的期货投资策略。实际上，这是一种糟透了的策略。因为这样做虽然胜率很高，但是赢时赢得少，输时输得多——可能倾家荡产，期望收益为 0 不变，而风险无限大。不过，这种策略对于下围棋等博弈倒是很合适，因为下围棋重要的是输赢，而不在于输赢多少目。

许多赌博方式都有庄家占先的特例。比如掷 3 只骰子赌大小，只要庄家掷出 3 个 "1" 或 3 个一样的，则不管下注者掷出什么，庄家通吃，这使得庄家的期望收益大于 0，而下注者的期望收益小于 0。从统计学的角度看，赌得越久，庄家胜率越大。

因而，赌场老板赢钱的一个重要原因便是：参赌者没有足够的耐心，或赌注下得太高，使得参赌者很容易输光自己的资金，失去扳本的机会；而赌场老板的 "战斗寿命" 则要长得多，因为资金实力更雄厚，也因为面对不同的参赌者，老板分散了投资，因而不容易输光。

有部美国电影叫《赌场风云》，其中讲到如果谁赢了大钱，老板就会想方设法缠住他再赌，没有耐心的赢家往往很快会变为输家。

人并不是都可以理性地去进行决策。比如从心理学的角度来看，大多数情况下，人们对所损失的东西的价值估计高出得到相同东西的价值的两倍。人们的视角不同，其决策与判断是存在 "偏差" 的。因为，人在不确定条件下的决策，不取决于结果本身而是结果与设想的差距。也就是说，人们在决策时，总是会以自己的视角或参考标准来衡量，以此来决定决策的取舍。

◎ 股市里的更大笨蛋理论

沃伦·巴菲特曾经这样说：千万不要把钱用来储存，钱是用来生钱的，股市只相信钱，即使是傻子，只要他肯投资，也可以赚到钱！

在经济学里有个著名的悖论叫 "节俭悖论"。就是告诉人们钱是用来花的，不消费而把钱存起来，是不利于经济增长的，只有你不断地花钱，不断地消费，产品卖出去了，利润回收了，员工才有工资发，才能够进一步去消费，这样经济才能不断地增长。花钱是每个人所必需的，也是每个人都想的，消费的另一面可以看成是投资,投资与消费是一个事物的两个方面。你去饭店吃饭不妨看成是给自己的身体投资;你去买花送女朋友也不妨看成是给爱情投资;你买回来刀子、钳子等工具也不妨看成是给自己工作节省时间的投资,反正有消费的地方就有投资。

1908～1914年间,经济学家凯恩斯拼命赚钱。他什么课都讲,经济学原理、货币理论、证券投资等。凯恩斯获得的评价是"一架按小时出售经济学的机器"。

凯恩斯之所以如此玩命,是为了日后能自由并专心地从事学术研究而免受金钱的困扰。然而,仅靠讲课又能积攒几个钱呢?

终于,凯恩斯开始醒悟了。1919年8月,凯恩斯借了几千英镑进行远期外汇投机。4个月后,净赚1万多英镑,这相当于他讲10年课的收入。

投机生意赚钱容易赔钱也容易。投机者往往有这样的经历:开始那一跳往往有惊无险,钱就这样莫名其妙进了自己的腰包,飘飘然之际又倏忽掉进了万丈深渊。又过了3个月,凯恩斯把赚到的利和借来的本金亏了个精光。投机与赌博一样,往往有这样的心理:一定要把输掉的再赢回来。半年之后,凯恩斯又涉足棉花期货交易,狂赌一通大获成功,从此一发不可收拾,几乎把期货品种做了个遍。他还嫌不够刺激,又去炒股票。到1937年凯恩斯因病金盆洗手之际,他已经积攒起一生享用不完的巨额财富。与一般赌徒不同,他给后人留下了极富解释力的"赔经"——更大笨蛋理论。

凯恩斯曾举例说:从100张照片中选择你认为最漂亮的脸蛋,选中有奖,当然最终是由最高票数来决定哪张脸蛋最漂亮。你应该怎样投票呢?正确的做法不是选自己真的认为最漂亮的那张脸蛋,而是猜多数人会选谁就投她一票,哪怕她丑得不堪入目。

投机行为建立在对大众心理的猜测之上。炒房地产也是这个道理。比如说,你不知道某套房的真实价值,但为什么你会以5万元每平方的价格去买呢?因为你预期有人会花更高的价钱从你那儿把它买走。

凯恩斯的更大笨蛋理论,又叫博傻理论:你之所以完全不管某个东西的真实价值,即使它一文不值,你也愿意花高价买下,是因为你预期有一个更大的笨蛋，会花更高的价格，从你那儿把它买走。投机行为关键是判断有没有比自己更大的笨蛋，只要自己不是最大的笨蛋就是赢多赢少的问题。如果再也找不到愿出更高价格的更大笨蛋把它从你那儿买走，那你就是最大的笨蛋。

◉ 证券市场的随机游走理论

有这样一个经典的笑话在证券投资领域中非常流行，说的是那些殚精竭虑的经济学家们通过严密的数据计算精心挑选出来的投资组合，与一群蒙住双眼的大猩猩在股票报价表上用飞镖胡乱投射所选中的股票在投资收益率上几乎差不多。这也就是说人们是无法通过对历史数据的分析来预测股价未来的走向的。这就是著名的"随机游走"理论。

在随机游走理论中，股价有一个均值，未来股价不可预期，随着干扰因素的影响，股价不断波动。在这种情况下，这种股价的变化就像一个"醉汉"在路上横行。在每一个时刻，他既可能往左走一步，也可能向右走一步。尽管这个股价总围绕着均值上下徘徊，但时间越长，他离均值就可能越远。如果证券价格是服从"随机游走"理论的，那么这个金融市场就是有效的。

在这种情况下，所有的金融工具都能准确、及时地反映出各种信息。也就是说，各种证券都能被准确地定价，任何人与机构都不可能预测证券未来的价格。这样，就不存在入市的最佳时机，也不存在选择股票，更不存在金融分析。那种追求赌博带来刺激与兴奋的人与小心翼翼地分析并选择金融资产的理性的投资者们也没有了任何区别。然而，事实上，在金融市场中，几家欢乐几家愁，总有人大发其财，更有人倾家荡产，这其中的原因并不都是命运，巴菲特、索罗斯就是例子。金融市场并不完全满足随机游走的有效市场假设。

金融市场的炒作，对预期收益率、预期利率以及一切有关的信息的估计，往往有超常规的放大效应，这使得金融资产如股票的价格不仅变换频繁，而且往往带有惊人的震荡幅度。比如美国道琼斯 30 种工业股票价格指数从 1995 年的 5117.1 点，到 1998 年年中突破 9000 点，只不过两年半的时间，竟然上升了 75%。在亚洲金融危机中，不少国家的股票指数都有一天跌破 10% 的记录。

这种现象，亚洲金融危机的始作俑者索罗斯在其所著的《开放社会——改革全球资本主义》中是这样描述的："我把历史解释成一个反射过程，在这个过程中，参与者带有偏见的决策与一个超出他们理解力的现实相互影响。这种相互影响能够自我加强或自我矫正。一个自我加强的过程不可能永远持续下去而不受到现实世界极限的制约，但它却可以持续足够久远，以至于给现实世界带来重大的变化。当它不能朝着原有的方向发展下去时，就会进入一个相反方向的自我加强过程。"

在现实中，金融市场往往具有一种放大机理。因为过去的价格增长会增强投资者的信心与期望，这些投资者又进一步地哄抬股价以吸引更多的投资者，这种循环不断进行下去，造成一种过激反应。从心理学角度来看这种现象就是，人们在任何领域获得成功之后，总会有一种自然倾向，采取行动来求得更大的成功，并不断继续下去。

在这种情况下，最初的价格上涨导致了更高的价格上涨，因为通过投资者需求的增加，最初价格上涨的结果又反馈到更高的价格中去。第二轮的价格上涨又反馈到第三轮中，接着反馈到第四轮，依此类推。最初价格上涨的诱发因素被放大很多倍。一旦需求在某个时刻达到顶点，整个泡沫瞬时崩溃。

◉ 媒介投资的博弈分析

企业里做媒介的人，都有很大的压力。因为，少则几百万，多则几千万，甚至上亿元的费用通过他的手就出去了。老板关心效果，同事关心规模，还有不少人惦记"那些钱的百分之多少流入这小子的腰包"。所以，在一个正规的企业里，媒介投放一般比较透明。但是，越透明，对媒介人员来说，压力就越大，因为，面对如此多元化的媒介环境，如何做好有效的媒体组合，以降低媒介浪费，身边的人都在形影不离的监视着你。

媒体投放，说起来真的很微妙，一方面你必须小心翼翼地把策略制定好，而另一方面却必须像赌博一样的勇于花钱，这是一个充满博弈的关系。不过还好，以下两种效应说的就是如何妥善解决这个矛盾。

重复效应，是指媒体投放的信息量积累到一定程度所产生的效应。俗话说，谎话传百遍就会变成真理。虽然有点荒唐，却说明了一个道理，就是"重复"的重要性。做广告，必须把同样的信息用足够的时间和密度来重复传播。这样才能引起顾客的注意。如果你所重复的次数不够，就会造成更多的浪费。就像烧水，烧到80℃就熄火，那么你前期的投入全部白费，因为水还没有烧开。然而，对媒体投放而言，这个"度"的把握可不像烧水那么简单，这就意味着你在科学的策略和监测基础上，还必须有一定的赌博精神。

沙漏效应，则是对"重复效应"具有一定"拆台"性质的效应。也就是你不能把一种信息重复得太多了。太多了，也会导致浪费。在此犯错误最多的品牌不外乎脑白金。他们把一个创意投放3年，甚至更长。其实，这是一种极大的资源浪费。就好比嚼口香糖，刚开始觉得很甜或很刺激，但嚼一段时间就没感觉了。广告投放也一样，把同样的信息重复得太多，其效应会逐渐递减，到一定时期就没有什么效果了，但电视台或报社的广告费却不会因此而减少。

所以，我们在媒体投放过程中，必须了解这两种效应的存在，要有效地组合好媒体，既要有效地"重复"，又要防止"沙漏"，把广告投放做到尽可能"少浪费"的境界。

懂得两种效应，仅仅是入门，并不代表你学会了媒体组合。一个有效的媒体组合需要诸多的科学依据。"我觉得"、"差不多"、"挺好的"等定性的评价不会给你带来好处，你必须用数据说话。

通常情况下，媒体组合要考虑以下两个指标：目标受众的覆盖率和每次覆盖的相对成本。

其中，目标受众的覆盖率是至关重要的。这个指标主要告诉你，这个媒体对你目标受众的覆盖能力怎样。通常情况下，覆盖率当然越高越好。

然而，在实际操作中，我们知道"一分钱一分货"的概念，也就是覆盖率高的媒体不一定便宜，而企业通常会追求覆盖率高而便宜的媒体。于是就产生了第二个指标：每次覆盖的相对成本。一般用千人成本（CPM）来表示。也就是我们必须知道要选的媒体，每次覆盖1000人所花的钱到底是多少。

如果你把所有媒体的这两个指标都搞清楚了，媒介选择就会变得简单一些，就是要尽可能地选择覆盖广、更加便宜的媒体。

然而遗憾的是，一旦你去做的时候，这些信息你却不一定能得到，更糟糕的是，你想投放广告时，剩下的恰恰都是"覆盖率高而昂贵"或"覆盖率底而便宜"的媒体。你到底做还是不做？到底如何选择？

这个时候，就必须懂得"取舍"的概念，也就是你到底要什么。

媒体组合的依据找准了，该选择的媒体也选择完了，就该写出一份标准的媒介计划了。这个计划，要结合上面的媒介选择，你必须不厌其烦地回答好以下 7 个问题。

A. 你的投放目的是什么？

B. 你的目标受众是谁？

C. 你的覆盖面有多大？

D. 你的投放频次大概是多少？

E. 你的投放区域和媒介选择如何？

F. 你的投放时间怎么样？

G. 你的投放该如何预算？

媒介投资怎样才能使成本最小化呢？怎样做才能在投资与浪费的博弈中最大限度地减少开支呢？

1. 对于媒体投资要提早策划。

媒介投放，不能想起做的时候才去策划、组织和实施。而有些媒体必须要提前 1 年，甚至 2 ~ 3 年就要买断。因为，好的媒体，人人都去抢，如果没有事前去争取，想挤进去是很困难的。人们通常把这种媒体叫战略性媒体。

不过，即使你有战略性媒体，可能仍难以满足营销策略的全部要求，因为你还需要根据季节变化、竞争态势和促销活动来及时调整或加强媒体投放。所以，计划还要有足够的灵活性。这种"即抓即投"的媒体，叫作战术性媒体。媒体组合，一定要把这两种媒体组合好，确保其均衡性。这样，你才能游刃有余地达成你的营销目的。

2. 不同媒介之间要相互补充、相互促进。

不同媒体，其覆盖能力和说服能力是不同的。比如电视的覆盖率高，但说服力有限；而杂志的覆盖率低，说服力却很高。所以，必须根据不同的营销目的，把不同的媒体组合好，用更加合适的媒体来沟通不同的目标顾客。

尤其最近产生的一些新媒体，如楼宇广告、MSN 广告、彩信广告等，是需要关注的。因为这些媒体刚刚出现，其单位成本尚属低廉，性价比很好。如果利用好，会让你事半功倍的。

3. 投放时间的长度和强度要有的放矢。

长度，主要是投放周期的长度。可以是 1 年，可以是半年，也可以是 1 个月。强度则是一个相对短的周期内广告投放的密度。比如，6 月份是你销售产品的旺季，那么你从 4 月份就得加大你的投放密度，假如淡季每天投放 2 次，那这段时间你必须每天投放 6 ～ 8 次。

解决强度问题，有 3 种经典的方式：连续式投放、栅栏式投放和脉冲式投放。连续式投放是一种稳定的投放方式，一般企业很少会单一采用；栅栏式投放是不连续的投放方式，根据自己的预算和需要，断断续续地投放；脉冲式投放则是连续式和栅栏式投放的综合形式。如果你是规模较大的企业，比较适合脉冲式投放。因为这种投放方式既能兼顾投放时间的长度，也能突出你的强度。

4. 要恰当地组合各种广告创意。

一般情况下，一个企业投放广告时不可能就投放一种创意，若干版本的广告会同时投放。比如，产品广告、促销广告和形象广告等。但媒体投放的预算是有限的，怎么办？就要组合。比如，CCTV1 天气预报前投放形象广告；省级卫视投放产品广告；《中国电视报》、《南方周末》投放促销广告等。

此外，还需要组合的是"硬广告"与"软广告"。因为，硬性广告的说服力是有限的，有些信息你必须通过软文宣传来传达。这就需要一个有机的组合。

5. 同一个广告的长短要紧贴策略需要。

这也是一种技术性问题。比如，根据产品生命周期的不同阶段，同一个广告的长短是有讲究的。一般，你的产品刚上市的时候，最好用 30 秒的长度来投放，这样传达的信息更完整一些；过一段时间，就可以缩短到

15秒。因为，广告时间长是需要花钱的，如果顾客已知道你产品的特征，只需维持提示的时候，就没有必要花双倍的钱去投时间长的广告了。

另外，根据不同的媒介环境，也需要掌握广告的长短问题。比如，你做CCTV1新闻联播前的报时广告，你就不能投放15秒或30秒，因为总的广告长度就5秒。

总而言之，广告投放是一种投资行为，而媒体组合是一种投资与浪费之间的博弈和平衡问题。在此，杜绝浪费是不现实的，我们进行媒体组合的最终目的是：用尽可能少的浪费换取尽可能多的回报。

◎ 风险投资人与创业者的博弈

风险投资是近年来非常走俏的行业，但任何一桩风险投资，都可以看作投资人与投资企业等复杂因素之间的一场多人博弈。

在这场博弈中，对于投资人来讲，掌握确实、充分的投资企业的信息是至关重要的，否则，盲目的风投行为只会让你招致惨败。就以风投最为青睐的互联网行业为例吧，不少人投资成功，大量淘金，而更多的人则最终被市场无情地踢走。如何才能做到趋利避害呢？

我们先看百度融资的一段故事：

1999年的10月末，本来不爱开车的李彦宏整天开车在旧金山沙山路（美国西部的风险投资集中地）走门串户，寻找合适的投资人。当李彦宏、徐勇把创办中文搜索引擎的想法抛出时，引来了好几家风投公司追着投钱。在当时的环境下，"中国、网络"无疑是一个强有力的卖点。但在送上门的美元面前，李彦宏的前提就是要求投资者对搜索引擎的前景持乐观态度，在中国内地，因为投资方不能持续支持而垮掉的项目并不少，其中有些项目的确有着不错的前景，关键就是没坚持到最后。千挑万选之后，李彦宏和徐勇最终和Peninsula Capital（半岛基金）和Integrity Partners（信诚合伙公司）两家投资商达成了协议，而据说协议的达成完全是因为李彦宏的一句话。

一位投资人问李彦宏，你多长时间能够把这个搜索引擎做出来？李彦宏想了想，说需要6个月。"多给你钱，你能不能做得更快些？"对一般人来说，只要能拿到投资，对于投资人的要求，往往想都不想就答应，何况是增加投资。但李彦宏却迅速地拒绝了对方的提议，表示自己必须要进行认真的思考。这对于风险投资商而言，无疑吃了一粒定心丸，使他们相信自己面前的这个中国年轻人，是值得信赖的，因为他不会说大话。事实上，李彦宏承诺 6 个月的工作量，4 个月就完成了。

"李彦宏从来不说大话"，后来百度上市后，员工谈到老板李彦宏时，评价最多的也是他对承诺的极为认真。

同时，投资人在亲耳听到 Infoseek 的威廉·张证实李彦宏的技术水平的确能够排进世界前三时，一切问题都迎刃而解。

本来李彦宏想融资 100 万美元，而充满信心的风投们却又追加了 20 万美元的投资，执意给了 120 万，占百度 25% 的股份。

随着后来百度盈利与上市的骄人战绩，这一笔风险投资可以说是这两家投资机构有史以来最成功的一次投资。

李彦宏的融资经历让我们看到投资者在选择合作伙伴时最先考虑的是诚信和技术。百度崛起属于第一代互联网的末期，而与李彦宏一起成功的互联网精英们还有很多，这些财富精英们经历了第一次互联网的热潮，又开始用赚到的钱自己做投资者，准备向第二代互联网进军。在这样一个新兴的投资人群体中，许多都曾是上一轮互联网创业大潮中涌现出的成功创业人士，包括携程网的创始人沈南鹏、e 龙的创始人唐越、金融界的原 CEO 宁君、新浪前 COO 林欣禾等。

作为创业者，内心涌荡的冲动和热烈是无形之手，推动着我们立刻去实现理想并开创自己的事业。然而，眼下的你却可能一贫如洗，急需一笔可观的启动资金。在无限的创业欲望和有限的现实条件之间，有一道深深的鸿沟。它纠缠着我们的大脑，撕裂了我们还不够坚强的意志以及完全没有经受过磨炼的判断力。然而，这却是每一个创业者都要经历的严酷考验。

在创业者们和风险投资家之间，永远存在着既相互依存又彼此博弈的一种微妙关系。而我们强调，在创业与吸引投资的过程中，应尽量避免因盲目所导致的恶果。

第七章

营销要懂博弈论：

怎样才能卖得更好

渠道营销的合纵连横

大多数企业不能将生产的产品和服务直接传递给企业的最终顾客，在生产者和最终顾客之间存在执行不同功能和具有不同名称的营销中介机构，这些中介机构和上游的制造商以及下游的最终顾客构成了营销渠道。渠道是企业营销必不可少的环节，并且正在扮演着越来越重要的角色。中国家电业经历了近几年的价格大战后，逐渐认识到渠道已成为关键的竞争优势，从而开始转向渠道的竞争。因此，近年来营销渠道已从传统的 4PS 策略组合中分离出来，上升到企业战略层次的趋势。

在网络经济时代，随着信息技术的快速发展，生存环境呈现出强烈的不确定性，对营销渠道的掌握已成为创造竞争优势的关键。而营销渠道是企业经营成功的关键因素，也是营销管理中非常重要的一环。在过去，营销渠道只是营销组合中后勤支援的角色，对于渠道管理上的探讨仅局限在生产商的权力、依赖、控制及冲突的解决等问题上，而近年来开始注重渠道管理的重要性。

戴尔计算机通过其首创的"直线订购模式"回避了中间商的提成，使其价格相对低廉，取得了很大的成功。宝洁通过与沃尔玛建立战略联盟开创了营销渠道的新变革，大大提升了双方的竞争力。

在渠道的博弈中一样存在局中人和支付的因素，渠道的参与者主要是制造商或供应商、经销商或批发商、零售商等，而支付则主要是折扣的点数在不同参与者之间的分配。一旦利益分配出现矛盾则可能导致渠道商与制造商的分道扬镳。家电业的渠道博弈当是最为激烈的博弈战，而家电业的格力与国美之战可称之为经典，也值得家电制造商们学习和反思。2004 年 2 月下旬，成都国美单方面大幅降低格力空调售价，3 月 9 日国美总部下发《关于清理格力空调库存的紧急通知》，格力于 3 月 10 日 12 时开始将产品全线撤出成都国美的 6 个卖场。从此，拉开了格力和国美冷战的序幕。格力通过和其他渠道商的合作，以及自身渠道（格力专卖店为主）的建设，退出国美后的 2005 年格力电器的销售收入增长近 40%。2006 年格力电器上半年销售收入超过 123 亿元，空调内销增长 19.28%，外销增长 76.67%，实现净利润 3.10 亿元，较上年同期增长 15.41%。格力在自建渠道的成功经验，为家电制造行业摆脱终端压榨，寻找行业蓝天做出了有益的尝试。

海尔星级服务店、长虹 3A 形象店、TCL 幸福树、创维 4S 店等，原本都是大企业"服务牌"的产物，但最近已有迹象表明它们正在逐渐向产品专卖旗舰店转变。这些企业，大多已具备了从黑电到白电，再到 3C 家电的全线产品，在三四级市场建设产品种类齐全，厂家直销的大型专卖店，是家电制造企业在被渠道挤压之后胜出的强手。这些企业，已经在液晶面板制造等上游行业有合作，不排除它们未来在终端渠道合作或成立合资公司的可能性。三四级市场一直是国美、苏宁等大连锁公司的软肋，家电制造商在这些区域的横纵联合，说不定能"星星之火，可以燎原"。

家电渠道的并购，将使国内渠道从多头竞争步向寡头竞争。国美、永乐的合并是渠道之间的合作，渠道商采取合作的形式控制大卖场，对供应商而言是相当不利的，由于渠道掌握着销路，所以一般而言，往往渠道更有发言权，在利益的折扣分配中，渠道会得益更多，渠道之间的合作更加大了上游制造商的压力。渠道需要更多的利益，也是因为渠道的不断强大，对利益的要求不断增多，才导致了格力与国美的决裂。

随着商业的不断发展，大渠道之间合作的案例不断增多，但大渠道与供应商的合作也日益突出。大供应商与大渠道商的合作，能更有效地控制市场，但国美与格力的决裂无疑不是明智之举，在这场博弈中，双方都不是赢家，格力有了自建渠道也是迫不得已的行为，而国美则丧失了一个品牌供应商，相比之下，沃尔玛与宝洁的合作则更为成功。

沃尔玛与宝洁的战略联盟一直是管理领域的经典案例，但沃尔玛后来引入了新的参与者，不仅提高自己的利益，也促使宝洁更努力地与沃尔玛合作，形成多赢的局面。美国的金佰利·克拉克公司是美国纸尿裤第一大品牌的生产商，是宝洁的主要竞争对手之一。1994 年，金佰利·克拉克公司开始为沃尔玛提供沃尔玛自有品牌的纸尿裤产品，即 OEM，但价格比自己的产品低 20%。

金佰利公司为沃尔玛做 OEM，一方面可以巩固与沃尔玛的关系，得到沃尔玛更多的优惠，不但利于第一品牌在沃尔玛的销售，也利于公司其他产品的销售。另一方面提高了自己的产量，形成更好的规模效应，降低了产品的边际成本，直接提高了公司的竞争力。同时，公司还可以化解宝洁公司"帮宝适"品牌的新产品导入美国市场给自己带来的冲击。

对沃尔玛来说，低价的自有品牌提高了自己的竞争优势，与金佰利的合作也有利于提高自己的地位。同时，由于沃尔玛与宝洁的战略联盟给宝洁带来了巨大的利润，宝洁不可能中止与沃尔玛的合作，反而更积极地与沃尔玛合作，不断创新，提高自己的能力，更努力地创造竞争优势，直接与金佰利竞争，对金佰利形成更明显的优势。

渠道联盟可以提高渠道效率，降低渠道费用并且提高双方的竞争力。

渠道联盟是企业渠道博弈参与者之间合作博弈的一种形式，是各渠道成员实现"共赢"的最佳策略之一。随着全球企业之间的竞争日趋激烈，世界的一些大型企业纷纷开始与它们的渠道成员合作，建立起渠道联盟，以提高自己的竞争力。

◎ 市场选择如何搭便车

市场对于企业的重要性不言而喻，企业能够进入一个与自己目标相匹配并与自身特点吻合的市场对于企业的成功至关重要。因此，市场选择是企业战略决策中最为关键的环节。企业的市场选择具有相当广泛的参与者，包含着不同的互动利益关系，是一个复杂的系统工程，这正好可以发挥博弈论的优势。

博弈营销下的市场选择涉及如下几个因素：

1. 局中人

市场选择的博弈问题涉及的决策主体是选择市场的企业、市场已有的企业即竞争对手以及供应商、客户和市场外的替代者与潜在进入者。由此在这一个博弈局面中形成了 5 个博弈，即进行市场选择的企业分别与市场中的直接竞争对手、供应商、客户和市场外的替代者、潜在进入者之间存在博弈关系。所以，企业在进行市场选择时，必须充分考虑以上这5个博弈对手，尤其是直接与自己进行竞争的市场中现存的企业，对它的战略目标、竞争能力、员工素质和财务状况等应该有一定的了解。

2. 行动

企业制定市场选择策略时，应充分考虑自身特点和以上5个因素的互动关系。制定的策略应能够保证企业在付出成本最小或者较小的情况下达到预期目标。

3. 支付

这里支付是指企业确定了要选择的市场，并且进行了人力、物力、财力的投入后所期望的回报。这种博弈的支付应包括：企业的投资回报，要重点关注这种资源的转移能否形成企业新的竞争力，新的市场能不能让企业原有的固定资产（人力、设备、技术等）得到更充分的利用。例如，对国有企业来说，就是能否实现国有资本的保值、增值。

对于一个新兴的市场或者一个充满吸引力的市场来说，要注意企业市场选择中的"智猪博弈"问题。"智猪博弈"我们在前面已经提过。说的是小猪不按按钮只想搭大猪的便车的故事。假设有两个潜在进入者，大猪相当于潜在进入者中的大型企业，小猪相当于潜在进入者中的小企业。"按按钮策略"相当于潜在的进入者通过对客观经济政策和宏观经济运行的基本情况以及对市场的赢利水平、竞争强度、市场中现存主要竞争对手进行分析，再结合本公司的基本能力制定出相应的市场进入目标和计划。"等待策略"相当于坐享别人的劳动成果，在别人完成一系列基础性工作后，再制定出自己的市场进入目标和计划。在"智猪博弈"中，小猪的最优策略是"等待"。因此，在市场进入的过程中，小企业的最优策略就是"等待"，由大企业承担新产品的研制工作，承担为新产品做广告进行市场最初开发的风险；小企业把更多的精力用在产品模仿和产品改进上，或者等待大企业使用营销手段打开市场后随之跟进。

例如，可口可乐和百事可乐进入中国市场就经历了这样一个典型的过程。可口可乐作为世界最大的软饮料生产公司不但拥有深厚的文化基础和世界级的品牌，而且更以雄厚的资金、完善的生产体系、先进的市场调研和营销手段承担起开拓中国市场的重任。从20世纪80年代进入中国市场，通过持续不断的品牌经营和持续不断的产品基地布局，可口可乐从一个中国人陌生的品牌发展到现在碳酸类饮品中市场占有率第一的产品。而百事可乐则采取了跟随策略，不但节省了大量的市场调研、市场分析的费用，而且还规避了开发市场过程中的风险。在可口可乐完成了初步的市场开发后，再进入中国市场，通过各种各样的营销手段，争夺市场份额。

"智猪博弈"基本体现了大企业和小企业在进入同一个目标市场时各自选择的最优策略。但是，随着科技发展的日新月异，也出现了另一种情况——大企业和小企业合作进行市场开发。这是因为科学技术在市场中的重要性越来越强，一个技术上的突破或者一个新产品的问世有可能改变整个市场的竞争结构。同时，技术创新的节奏也在加快，许多新产品由一些小公司或者个人开发出来，大企业已不能完全在技术的创新和产品的开发上居于垄断地位。于是就出现一些风险基金，选择一些认为有前途的产品或项目进行投资，得到性能相对稳定的产品和完成了初步的市场开发后，大企业再进入。或者整体买下小公司，或者双方进行合作，由大企业出资继续完善产品性能并进行大规模的市场开发。

◎ 价格勾结与寡头垄断

面对市场，大企业之间总是喜欢联合起来瓜分，从而形成大企业的价格垄断。我们把这样的垄断叫寡头垄断市场。如果在市场竞争激烈的情况下，在各个寡头市场上，如果寡头数量很少，从理论角度分析，他们很容易通过谈判实行勾结定价，即像一个垄断者那样用高价格来宰消费者。其实，那是因为他们没有考虑到这样做的交易费用（寡头进行价格勾结谈判达成协议所需要的费用）很低，而勾结定价可以为参与者带来共同的利益。

如果照此而言，寡头垄断应该是最受企业欢迎的，因为寡头垄断对企业有百利而无一害，寡头垄断是解决价格战"囚徒困境"的好办法。如果市场上有双寡头，比如上面所说的百事可乐和可口可乐，他们勾结成一种价格联盟对彼此非常有利，可以最大限度地榨取消费者的金钱，因为市场上只有这个价格的产品，不买就哪里也买不到了。即使价格再高，消费者也得甘愿挨宰主动掏腰包。但事实上为什么市场中的价格战随处可见，寡头垄断的情况却很少听说？据说长虹电器为了打价格战居然在促销时把家电卖到不计成本。企业到底是为了什么？为什么彼此之间不结合成垄断价格的联盟呢？

有人可能认为在国家的《反垄断法》中有禁止勾结定价的条款，所以导致很多企业不敢进行价格串谋，从而形成垄断。但实际上这个条款的作用极为有限，因为寡头之间可以采用不易被发现的隐蔽性勾结——默契。下面我们通过运用博弈论的分析，弄懂现实中的勾结定价难以成功的原因。

比如说某地啤酒市场被两家寡头青岛和燕京瓜分，这是寡头中的最简单类型——双寡头，也是最容易达成价格勾结协议的寡头市场。

假设说两家寡头之间没有任何勾结，每个寡头都按成本最低时产量进行生产，各生产3000磅啤酒，成本为每磅6元。如果市场总供给量为6000磅啤酒，价格仍为6元。那么各家的经济利润就为零。

如果这两家寡头达成价格勾结。要实现高价必须减少产量。现实中寡头之间的价格勾结总是以限产为前提的。假设这两家寡头把产量确定为2000磅啤酒，这时成本为每磅8元。市场总供给量减少为4000磅啤酒，需求并没有变，如果价格上升至每磅9元，在这种价格时，那么这两家寡头可获得经济利润2000元。相对来说，勾结起来对双方都是有好处的。

达成协议方有一方违约会出现什么结果呢？假设有一方违约，生产3000磅啤酒，它的每磅啤酒成本约为6元，另一方守约生产2000磅啤酒，每磅啤酒成本为8元。这时市场总供给量为5000磅啤酒，价格为7.5元。市场价格只有一个，是整个市场的供求总量决定的。违约的一方，成本仅6元，价格为7.5元，每磅啤酒的利润为1.5元，总计经济利润为4500元。守约的一方，成本为8元，价格也是7.5元，每磅啤酒亏损0.5元，2000磅啤酒共亏损1000元。

这两个寡头的价格勾结协议的实施并没有法律保障，因为这种协议是非法的。守约的一方无法对违约的一方提出诉讼，即缺乏有效的惩罚。是否守约完全取决于各自的意愿。他们是否会守约呢？一方守约与否的结果还取决于对方是否守约，协议并没有保证对方守约的硬约束，因此，各方都有守约与违约两种选择，而对方到底会选择什么，无法确定，这时就可以用博弈论来分析各自的决策了。

青岛啤酒在决策的过程中要分析燕京啤酒不同的选择，自己的选择会有什么结果。青岛先假设燕京是守约的，这时青岛选择守约可以赚 2000 元，如果选择不守约可以赚 4500 元。两者相比，青岛守约时，燕京的占优战略是不守约。青岛再假设燕京不守约，这时青岛选择守约要亏损 1000 元，如果选择不守约可以不赔不赚（经济利润为零）。两者相比，青岛不守约时，燕京的占优战略也是不守约。青岛的结论是，无论燕京守约还是违约，对自己最有利的还是不守约。燕京的分析方法和结论与青岛完全一样。结果青岛、燕京都选择了不守约，价格协议成了一张废纸。

在这种情况下，青岛、燕京怎样才能实现勾结呢？如果就是这两个寡头，同样的博弈会多次进行。双方最终会发现，达成勾结的条件是采用一报还一报的策略，即对方这次守约，我下次也守约，如果对方这次不守约，我下次也不守约。这种情况下，双方会发现，从多次博弈的结果看，违约是不利的，从而自觉守约。这种一报还一报就成为有效的惩罚。

青岛和燕京之间经过了多重的博弈考验，最终形成了价格联盟，于是青岛和燕京便可以在一个统一的价格上进行销售。啤酒在当地的双寡头垄断模型形成。

即使这样，我们还是认为价格联盟是很难形成的，因为我们的分析还是流于理论，在实际的市场里，只有两个竞争者的情况是很难看到的，一般的情况下，往往是市场上既有燕京和青岛也有哈啤和珠江，甚至还有雪花、三九、百威等，一个市场上必须有多个竞争者才是符合现实情况的。在这种多头竞争的情况下，该如何实现价格联盟呢？现实中有没有呢？

我们看看欧佩克的价格勾结，它就是一个最常用的例子，也是最现实的例子。欧佩克是一个限制产量并提高石油价格的寡头价格联盟（又称"卡特尔"）。他们在 20 世纪 70 年代的成功更多的原因是共同的政治动机。但经济利益在长期中是高于政治的。随着时间的流逝，博弈论分析的情况就出现了。各成员国都想无论其他国家是否守约，我违约对自己是有利的，于是纷纷打破限产规定，增加生产，结果到 20 世纪 80 年代，石油价格就大幅度下跌了。以后的石油价格上升不是价格协议起作用，而是供求关系变动的结果。

无论在哪一种市场上，决定价格的最基本因素还是供求关系。在供大于求的情况下，任何价格勾结都不能长远地提高价格。在供小于求的情况下，无须价格勾结，价格也会上升。在价格决定中，价格勾结是无用的。因为人为的价格勾结阻挡不了供求决定价格的客观规律。博弈论分析的结论与现实是一致的。对于每一个企业来说，玩这种小权术是不可能得到更大利益的，只有老老实实才能提高自己的市场竞争力。

◎ 价格大战，谁是出局者

从消费者的角度看，消费者总希望所有的商品都是最低价。因此，他们最愿意看到的就是行业间的价格大战、企业间的火并，这样消费者就可以坐收渔翁之利，买到便宜实惠的商品。但生产商品的厂家也不是傻瓜，更不是神经病，无缘无故就会进行价格大战。但办厂、办企业的原动力就是赚钱，要赚钱企业就必须赢利，可以说追逐利润是企业的唯一目的，也是它的最终目的。在利润的驱动下，一个行业不可能只存在一个企业，而是多个企业，存在多个企业就会有竞争，因此，价格大战在竞争激烈的市场经济中是不可避免的，是市场经济中的价值规律在照着自己的脚步正常运转的必然结果，这是唯利是图的企业在市场经济中不可避免的一个宿命。但在博弈论看来，企业间的竞争就是企业之间的一种博弈，价格大战只不过是博弈论中的斗鸡游戏罢了。现在我们不妨来看看几个价格大战的事例。

事例一

20 世纪 90 年代中后期，彩电行业燃起价格大战的烽火。首先发难的是四川长虹，康佳、创维紧随其后。1996 年，长虹再次降价，国内数家大彩电摇旗呐喊，把国外几大品牌的彩电几乎赶出了中国市场；到 1998 年，长虹的市场占有率已经达到了 35%，距离市场寨头已经相差不远。从中我们看出，在这一轮价格大战中，长虹是最大的获益者，但也由此引发了博弈论中的"囚徒困境"，既然降价能够获利，你能够降，我为什么就不能降，于是大家就一起降。此后，彩电价格一路狂跌，行业整体利润下降到只有 1%～5% 左右之间，也就是说厂家卖一台 1000 元左右 21 寸的彩电，除去各种成本，大概就赚 20 元钱左右。价格大战大大降低了行业的整体利润。这就犹如"囚徒困境"中，受伤的永远是"两个囚徒"一样，价格大战中受损永远是参与其中的厂家。

事例二

2000 年 4 月 10 日，春兰宣布对 19 个型号的主打空调器进行特价销售，挑起了空调价格大战。而这年的特价销售，着实让春兰"火"了一把。春兰电器公司日平均发货量超过 6000 台，平均日销售额近 3000 万元。北京、南京、上海、天津等重点城市的春兰自营连锁店，4 月份销售回笼资金与去年同期相比分别是 642.86%、200.45%、160.26%、571.33%。在南京、无锡等地，仅春兰自营连锁网络销售的春兰空调，就占了整个商场零售业近 40% 的市场份额。从博弈看来，春兰只不过是第一个招供的囚徒而已，它获得了自己想获得的利益，但其他的空调企业呢？它们会坚守阵地吗？正如警察对囚徒所说："你的同伴都把你给卖了，你坚守还有意义吗？"这只能导致其他的空调企业跟着降价，从而导致大家一起分享利润，也一起跟着陷于困境，于是行业的"囚徒困境"形成。

事例三

2000 年 4 月中旬，广东格兰仕公司再次进行大幅度降价，中高档产品价格一律"跳水"，800 瓦"新世纪"系列机型的身价都不到 900 元，其中最大降幅竟高达 60%。格兰仕这次行动的动机非常明确，就是要通过全面降低中高档产品的价格，从而迫使竞争对手放弃低档产品市场、专营中高档产品的营销策略。

之所以能够达到这样的目的，主要是由于格兰仕从 1994 年以来，已经多次降低低档产品的价格，使同类同档次的处于规模劣势的国内中小微波炉生产企业根本无法在价格上与之抗衡，而国内中小微波炉生产企业为了生存，只好将经营中心放在价格和利润相对较高的中高档产品上，满足的是一些不太注重价格而希望获得更多使用价值的高收入家庭。而格兰仕此次降价的产品则都是技术含量相对较高的产品，售价从去 1999 年初的一千三百多元，一下子就降到了八百多元，从而在市场上同档次的产品中占据了绝对的价格优势。在格兰仕与同类行业的价格大战中，格兰仕也获得了它想要的东西，而其他的同类企业只能俯首听命。之所以出现这种情况，从博弈论来看，它们之间的博弈已经打破了"囚徒困境"，演变成了"斗鸡的游戏"。格兰仕这只斗鸡，实力强大，技术精湛，其他的斗鸡则势力相对较弱，但格兰仕这只斗鸡也还不至于斩尽杀绝，还给相对较弱的斗鸡留了一个"中高档产品"的段位，否则，即使格兰仕这只斗鸡能够获胜，但恐怕也要掉一半的羽毛，当然其他的斗鸡则会一毛不剩，甚至是英勇倒地。博弈中的"斗鸡游戏"，说穿了就是实力的博弈，实力大的会获得更多的收益值，但实力稍弱的也能够获得一点微弱的收益值，还不至于拼得你死我活的。

当然出现上述博弈的变化主要是由于彩电、空调和微波炉三个产品在中国市场上出现和成熟的时间不同，实际上我们看到的，正好是市场竞争的三个阶段。在产品刚出现时，生产商们各做各的，扩大自己的市场，行业共同赢利，这一阶段是不会产生价格大战的。但市场是有限的，发展到一定阶段，生产商们就开始竞争，而价格与销售量成反比，这是所有生产商都明白的经济学原理，为了获得更多的利润，在利润允许的空间范围内就会产生价格之战，春兰空调的价格战就处于这个阶段；然后在价格的消耗战中强者和弱者逐步出现，强者总是想把弱者赶出市场，格兰仕微波炉的"跳水"价发生在处于这一阶段，从而跳出"囚徒困境"，使双方的博弈演化为"斗鸡的游戏"，以至于最后分出胜负。

从以上分析，我们不难看出，在企业的价格大战中，谁是出局者。但在我国国营的大中型企业的价格大战中，却好像没有出局者，永远也不能走出"囚徒困境"一样。这大大不合常理。这究竟是怎么一回事，我们不妨来看一则评论报道。

《北京青年报》的记者陈玉明写过一篇文章，是根据他采访过的一家亏损企业写的，文章题目叫作"亏钱不亏理"。企业因利而生，因利而存，在西方资本主义社会，企业一旦无利可图，它就得破产，就得消亡，就没有生存的理由。但在我们国家是如何呢？一家企业到了亏损还很是心安理得，大有死猪不怕开水烫，亏就亏了，我还是一样地活，你能把我怎么样？

到了这地步，这家企业还能怎么干呢？肯定是无所谓了，使劲降吧。就其深层的原因，这样的企业打价格战，其实就是割裂了经营者和资本的属性。经营者应负的责任是什么？他应负的责任是资本的增值，但是现在有的企业不增值也无所谓。资本的本性是什么？就是追逐利润。不要利润那肯定就敢打价格战了，降多少价都无所谓，反正都是国家的钱，股民的钱，随便降。

从报道中，我们就不难明白了，从市场经济规律来看，价格大战是会一直打下去的，但这种延续的战斗确实呈周期性的。也就是说，价格大战一旦开始，它就会持续，直到分出最终的结果为止，然后又会在市场的酝酿中重新开始。我们的彩电价格大战始终走不出"囚徒困境"，恐怕最根本的原因还在于企业本身的性质，因为它姓"公"。

但规律就是规律，它是不以人的意志为转移的。从博弈论看来，在价格大战中，"囚徒困境"始终是会结束的。如果它们不能通过自身的力量来改变这种状态，那么就只能添加新鲜的血液，借助外力来结束这一状态。其实要使彩电的价格大战走出"囚徒困境"也很简单，只要让它们到市场经济中去竞争，使它们在竞争中自生自灭，"囚徒困境"的博弈状态很快就会结束，转而演化成另一种博弈形态——"斗鸡的游戏"，从而强者自强、弱者自灭，分出最终的结果来。

总之，通过以上的分析，我们可以看出，在价格大战中，博弈中的各方都是按照它们各自的规律走向各自的宿命，而博弈也是呈有规律性变化。一般说来，在价格大战的开始，博弈的各方都会先后陷于"囚徒困境"，最先发动者可以获得先机，处于有利的地位，但随之而来的报复，会使这种优势逐渐丧失，从而陷于亏损的困境；在战争中期，博弈升级，博弈各方开始比拼实力，进入"斗鸡的游戏"，实力强大的、技术含量高的利润开始回升，实力比较弱的日子逐渐变得越来越难过，亏损越来越严重，随后进入了战争的后期，博弈各方由对抗转向妥协，或缴械投降，融合合并，沦为附庸；或因势利导，借一个台阶重新定位或转产。

◉ 广告，一场谁也不愿意的作秀

我们每天打开的电视，如果不是电视剧或娱乐节目，就是清一色的广告，甚至在电视剧、娱乐节目中途也要插上一段广告，真是广告无处不在，我们的生活自然是离不开广告了，就连小孩子都能够背上几段广告词，可见广告影响的广度和深度了。电视里的广告铺天盖地，是不是免费的午餐？不是免费，谁来买单？谁愿意买单？

电视里的广告绝不是免费的午餐，而是昂贵的，甚至是天价般的快餐。在央视黄金时间段的广告最昂贵的标王广告是 70347.03 元／秒。古人形容最赚钱的生意是"日进万金"，未免夸张，而现在的广告最赚钱的时候却是"日进亿元"，却毫不夸张。如此昂贵，谁来买单？谁愿意买单？在回答这一个问题前，我们先来看看央视每年 11 月 18 日的广告"标王"秀。

1994 年 11 月 8 日，孔府宴酒以 3079 万元成为首个央视"标王"。

在央视黄金时段的密集广告轰炸下，这家地处山东鱼台的小型国有企业一夜成名。

1995 年 11 月，秦池以 6666 万元的价格成为央视 1996 年的"标王"。1996 年 11 月，再度以 3.2 亿元的投标额蝉联"标王"，创下了中国广告史上前所未有的高价。以致当时的央视广告部主任都要惊呼："酒疯子疯了！"

1997 年 11 月，爱多以 2.1 亿元获得 1998 年度"标王"。

1999 年和 2000 年，步步高分别以 1.59 亿元和 1.26 亿元获得"标王"。步步高董事长段永平的"名言"是："要做全国性消费市场，中央台不一定是万能的，但没有中央台一定是万万不能的。"

2001 年和 2002 年，娃哈哈分别以 2211 万元和 2015 万元获得"标王"。这也创了央视"标王"的新低，给娃哈哈捡了一个天大的便宜。正是有了央视的广告效应，娃哈哈已经成为中国最有价值的品牌之一。

2003 年熊猫手机以 1.0889 亿元中标额，成为央视"标王"。

2003 年 11 月 18 日，蒙牛集团在 2004 年央视黄金段位广告招标中拿下了 3.1 亿元的广告标段，成为央视 2004 年的"标王"。

2005 年和 2006 年，宝洁以 3.85 亿元和 3.49 亿元成为央视 11 年来的"洋标王"。

从这幕"标王秀"的大戏中，我们不难发现，自然是企业为广告买单。至于说愿不愿意买单，就很难说了。从他们在拍卖场上随便一挥手就是上千万上亿元来看，企业是很乐意为广告买单的。那么在竞标场下的实话又是一种什么样的心态呢？

1996 年 11 月 8 日，秦池老总姬长孔再次来到梅地亚，在梅地亚的空气里似乎让每一个与会的英雄豪杰都嗅到了一丝"血腥"味。竞标从一开始就让人无从驾驭：广东爱多 VCD 一出口就喊出了 8200 万元，比去年的"标王"秦池高了一千多万元。接着，一家名不见经传的山东白酒金贵酒厂企图一鸣惊人，一声喊出 2.0099 亿元。

当主持人大声报出："秦池酒，投标金额为 3.212118 亿元！"全场都目瞪口呆。于是就有记者问"秦池的这个数字是怎么计算出来的"，谁知姬长孔的回答又大大出乎人们意料，他说："这是我的手机号码。"想不到中国的企业家竟然玩起了西方的黑色幽默，3.2 亿元人民币的代价竟然是他个人的电话号码。其实，明眼人一眼就可以看出，这只不过是一个托词而已，像姬长孔这样的精明人不可能不明白，摆在他眼前的现实是什么，那就是秦池太需要这个"标王"了，或者说，他已经别无选择了。如果秦池不第二次中标，那么其销售量肯定会直线下降。为什么？这可以说成也广告，败也广告，如果第二次不中标，前后的对比太明显了，这样消费者就很有理由怀疑你这个产品的质量了，从而对你这个产品产生不信任感。更何况前任"标王"孔府宴酒便是一个活生生的例子。对于姬长孔这样一个富有挑战精神的企业家来说，这不仅仅是意味着企业的死亡，其实也意味着他作为企业家生命的终结，这绝对是让他难以接受的。

而从博弈来看，企业之于广告，就犹如警察之于囚徒，也就是博弈论上所说的"囚徒困境"。囚徒困境的前提就是人都是自私的，都是从"利己"的前提出发，从自保角度来选择自己的最佳策略，正是因为人人从利己的角度出发，所以两个罪犯最后都选择了同时招供。企业之与广告与此非常相似，做广告需要广告费，广告费又一定是企业出，这是谁都明白的，如果不做广告当然就不用出广告费，企业所赚到的利润当然就全部是企业了，但如果做广告，那么就不得不要拿出一部分利润拱手让给广告公司。从理论来看，没有一个企业想多一个利润分享者，也就是说没有一个企业心甘情愿地来做广告。但问题是如果在同行业中的某一家企业它做广告了，它的销售额就会直线上升，利润成倍增长；而没有做广告的企业则会度日艰难，这就有点像一个囚徒招了，他得到了实惠——无罪释放一样，而另外一个却要加重处罚。正如囚徒的选择一样，企业最理想的选择是所有的企业都不做广告，但企业创办唯一目的和动机就是赚钱赢利，唯利是图是企业的本性，因此，企业最现实的选择却是都去做广告，因为去做广告日子至少会好过点。结果当然也像囚徒困境中结果了，得利是警察；而在广告大战中得利的自然是广告公司了，而中央电视台就是最好的、最霸道的广告公司了，当然它的收益也就是最大了。

回过头来我们再来看看，企业之与广告的关系是不是如此。

孔府宴酒在夺得中央电视台广告标王之前，仅仅是山东省鱼台县属的一家小型国有企业，产值一直徘徊在数百万元，影响力很有限。在夺得标王的当年，孔府宴酒实现销售收入 9.18 亿元，利税 3.8 亿元，主要经济指标跨入全国白酒行业三甲，"孔府宴"成为国内知名品牌。央视捧红了"孔府宴"，而它本身的腰包也膨胀了不少，在这一年，它的竞标广告收入就超过 2 个亿，何况这才起步呢。

秦池酒在 1996 年首次夺标，夺标前，秦池还在亏损，而夺标后，一下子就从亏损状态大打翻身仗，1996 年上缴利税 2.2 亿元，1997 年，秦池再次以 3.2 亿元夺标，时任秦池老总的王卓胜当时还豪情满怀，放言"每天开进央视一辆桑塔纳，开出一辆豪华奥迪"，可见"标王"广告给秦池带来的收益也是成倍增长的。当然，囚徒能够获利，警察就更能够获利了，在这两年中，央视有超过 20 亿元的广告收入进账。

爱多电器有限公司 1994 年以 80 万元起家，在 1998 年夺标之后，当年销售额就超过了十多亿元，迅速成为 VCD 行业规模最大的龙头企业，而当年央视的广告收入则超过了 30 亿元。

这三大"标王"，都是最先招供的囚徒，他们都如愿以偿地获得了他们想获得的收益值。正如博弈中的两个囚徒一样，一旦有一个囚徒选择了不招供，虽然会使自己得到眼前的现实利益，但也为未来遭受损失埋下祸根，因为一旦没有招供的囚徒一出来，他就会对招供的伙伴进行报复。三大"标王"既然是最先招供的囚徒，他们在获得巨大的现实利益的同时，攻击与报复也就会随后而至。如果自身没有抵抗攻击与报复的能力，那么他们就会在别人的攻击与报复中轰然倒下。结果，这三大"标王"均因自身的经营策略和管理方式上的致命弱点而在风险的攻击与报复中轰然倒下，成了标王的先烈。

有了"前车之鉴"，1999 年以后的标王还没有轰然倒下，但它们仍然面临着各自的问题。步步高没有成熟的产品支撑，在 VCD、DVD 行业衰落之后，转而进军复读机行业，可复读机市场仍然是一个需要培育的市场，但复读机的广告还要打，广告费还得要付；娃哈哈的多元化发展战略，由于涉及领域太多，也已有了战线拉得太长的压力，但由于它标王的底价本来就不高，只是企业的一般广告投入，因此，当时的竞标并没有对它产生多大的负面影响；但与它相反的熊猫就不同了。熊猫手机虽然当年取得了不错的佳绩，但和当时的 TCL、波导相比，熊猫只能够算是一个小弟弟，另外，熊猫手机的利润率偏低，难以支撑巨额的广告成本。因此，此后，熊猫已经陷入了破产的境地。

总之，由于企业天生的唯利本性，只要存在行业的竞争，它们就会陷于囚徒的博弈中，也就是说，只要有竞争，尽管企业不愿意，但他们就必须与广告一起去作秀，这就是企业的宿命。

◎ 永远受欢迎的买一送一和抽奖游戏

中国古代的法学家认为，人的本性是"好利恶害"。管子说："夫凡人之情，见利莫能勿就，见害莫能勿避。"商鞅说："人生有好恶，故民可治也。"韩非子更进一步把这种"好利恶害"的人性发展为自私自利的"自为心"。总之，他们认为人性是自私自利，做任何事情都是从"利己"的动机出发的，正是因为这一点，统治者才能凭借"功名爵禄"来引诱百姓。无独有偶，现代西方经济学对人的认识也和中国古代法家有类似之处。经济学家认为，人既是自然人，也是经济人，人是自然所生，必须顺其自然，但人在社会中，任何事情都是从"自利"的经济角度出发，以最小的投入获得最大的经济效益。由此可见，人的本性中具有"利己"的一面，这是无疑的。

正是因为人具有"利己"心理，凡事从个人利益出发的一面，所以众多的商家总是发出种种"让利"的信息，让买家"兴致勃勃"地进入自己的博弈"陷阱"，买一送一和抽奖游戏就是近年方兴未艾，而且买卖双方都乐此不疲的博弈游戏，从中演绎出众多的喜怒哀乐，让我们的社会变得更加"丰富多彩"，变得更加让人寻味。

故事一

2004年《北京青年报》报道：一位顾客到商场去买东西，看到货架上摆着许多矿泉水，每瓶水上都绑着一捆糖。货架上面还打着大标语，写着"买一送一"。顾客以为是买一瓶矿泉水送一捆糖，没想到交款时，却发现是买一捆糖送一瓶矿泉水。顾客很迷惑："糖比矿泉水贵许多，商家为什么事先不写清楚？"

故事二

广州番禺某区各大药店，纷纷打出买一送一的旗号来吸引消费者，有些药品更是买一送二。弄得顾客像买小菜一样把药大包大包地往家里扛，一时各大药店熙熙攘攘，好不热闹。但细心的记者发现，很多药店为了吸引顾客，对一些保健食品或者是减肥食品、减肥药纷纷采用了"买一送一"、"买三送一"或者是"买一疗程送一盒"等等优惠，买得越多，平均的价格就越便宜。

记者再仔细观察发现，"买一送一"的游戏中猫腻还不少，很多优惠的药品大多是快过期；有些所谓的优惠价格却在明升暗降；还有些"优惠"药更是一些平时销售不出的药，批量卖出去能减少药店的损失。

买一送一，好像20世纪90年代就兴起了，到现代很多场合尤其是商业领域还在采用，从博弈的角度来说，这本来是一场信息博弈。买一送一，这两个"一"猛然一看似乎是对等的，因此买一送一给人的感觉就是用一份钱买了两样物品，这对"好利恶害"的人来说是非常有吸引力的，正是从这一点出发，任何商家推出这种游戏的时候，的确能吸引不少人的"眼球"，自愿卷入这些看似"有利可图"的博弈中去。但是，顾客想"利己"，商家何尝不是以"利己"为目标，商家的目标就是寻求利润，最低限度是减少损失。所以，商家发出"买一送一"信号中蕴藏的内涵往往和顾客想象的"买一送一"是不一样的。例如在故事一中，销售者把糖捆在矿泉水上，然后打出"买一送一"的旗号，这种架势，很容易让人认为矿泉水是"主角"，糖是"搭头"，用一瓶矿泉水的钱买上了超过矿泉水几倍价值的糖，这是一笔很划算的买卖，于是很多人都是"欣欣然"掏出自己的钱包，没想到商家刚好倒过来玩，让顾客大呼上当却又无可奈何。在这里，商家既利用了常人逻辑判断的失误，把矿泉水和糖的"主角""配角"位置颠倒，还利用了顾客的"羞恶之心"，即众多的人往往不会因为自己的误解而为了一瓶矿泉水和几包糖而退货或者拒绝付款，从而使商家成为博弈的胜利者。但这种"买一送一"，商家真的赢了吗？我们说，在这一次博弈中，商家是赢了，但付出的却是自己的"品牌"和诚信，顾客上了这次"买一送一"的当，对这家商店，对商家拥有的"品牌"就会产生防范甚至厌恶之心，以后少踏入甚至再也不进入这位"买一送一"信息发出者的店铺，使商家寻求利润的机会都没有，这又怎么能够说商家是最后的胜利者呢！

在故事二中，药店的买一送一却是把快到期的、滞销的药"慷慨"地送去出，或者明升暗降，把药品单价提高，再以买一送一或者各种"送一"的形式推销出去。这些形式的买一送一，从药店来说把众多的"老鼠药"打发出门，降低了自己的损失，在某种意义上是盈利了。从顾客的角度来说，花少量的钱把看似有用，看似无用，看似物美，看似价廉的众多药物带回家，其实是非常危险的。因为药品跟一般的商品不同，它是关乎人们生命健康的东西。一般来说，药品价格及相应配送是有一个尺度的，不能多吃也不能少吃，服用多了不仅不会有好处，而且还有可能妨碍健康，得不偿失！就算是药性非常低的保健食品，服用过量也是对身体不利。所以，对药店来说，这种"买一送一"就把巨大的生命健康危险也"送"给了顾客，同时把巨大的经济和声誉危险却"留"给了自己，这是非常不理性的做法，说白了就是一种目光短视、自找死路，实际上是蕴涵无限风险的"双输"博弈。

与"买一送一"同样盛行的还有众多的"抽奖游戏"。所谓抽奖游戏，一般来说是卖方做出承诺，顾客买上多少商品，就可以获得抽奖的机会，而奖品是从大到几千元小到几元几十元的物品不等。抽奖，实际上是利用人类那种"投机"和"暴富"的心理来开展博弈，但这其中的猫腻又何其多呢！

故事三

2006 年 2 月，北京西单的某大型购物商场赠奖中心的抽奖箱被前来抽奖的顾客撕毁，奖球散落一地。围观顾客表示，散落在地的奖球中没有一个有中奖字样，商场被指涉嫌欺诈消费者。

原来当天晚上 6 时许，一名顾客在赠奖中心抽取了 33 个球后，什么奖都没有中。围观的顾客在观察了半个小时后发现，随后数十顾客抽取的三四百个奖球中也无一中奖。此时，工作人员开始拒绝顾客继续抽奖，于是双方发生了矛盾。在双方推搡过程中，奖箱被兑奖的人给撕毁了，大家查看奖箱里的奖球发现，上面没有一个中奖的标记，随后就开始跟商场方面理论，直到警察出面干涉，后来工商部门取走所有资料。但其后各方都没有给消费者任何解释。

抽奖游戏为什么能够被卖方"玩转"。我们知道，人内心深处都有"一举成名"或者"一夜暴富"的心理，这实际上仍是用最小的投入获取最大边际效应的一种心态，人人都有，只是根据个人控制力的强弱，表现是否明显而已。商家正是利用人的这种心态来展开博弈。因为对买方来说，购买一定数量的商品，还能获得大大"挣上一笔"的机会，内心那种"好利"的心理就会凸显，往往就会为那虚无缥缈的"大利"而在买方提供的场地大肆采购，从而获得"牟取暴利"的机会。从商家来说，任何一个环节都是计算好的，顾客采购规定数量的商品，就已经获得利益，再把从顾客身上攫取的利益，以抽奖的形式"送"给顾客，从而皆大欢喜，实现双赢。对于商家的这种"计算"，大多数顾客都心知肚明，但大家冲着的不是自己购买物品中的那份"反馈"，而是那些"大奖"，因为"大奖"一定意义上是商家返回的所有顾客购物"支出"的总和，顾客以一份"支出"来试图获得所有顾客"支出"，这才是抽奖真正吸引人的地方。所以，抽奖实际上是顾客的相互博弈，而卖方却是"稳坐钓鱼台"——只赚不亏。

但是，从故事三我们看出，即使是"稳坐钓鱼台"的商家还是存在猫腻，从概率的角度来说，不可能在三四百次抽奖游戏中，连个末等奖的机会都不出现。而当奖箱被推翻，所有的奖球出现在公众面前的时候，居然没有一个有"反馈"的奖球。这实际上就是卖方把承诺给买方的"反馈"又留给了自己，卖方要把所有的利润都自己一口吞下。这是一种极为不理智的做法，因为买方失去的是自己的诚信，而在一个博弈规则日趋规范的社会里，失去诚信的博弈方是很难取得与人再次博弈机会的。当然，故事三这种"独吞"的抽奖可能是"抽奖博弈"中的特例。众多的抽奖游戏还是按照商家制定的规则，把从所有顾客获得的利润返回一部分给消费者，消费者真正青睐的也是"大奖"——所有顾客"支出"的反馈部分。

第八章

谈判要懂博弈论：

谈判就是讨价还价

◎ 商业谈判的要诀

在商业谈判中，价格、交货期、付款方式及保证条件是谈判的主要内容，谈判中的焦点是价格因素，而报价是其中必不可少的中心环节。但究竟是哪一方先报价？先报价好还是后报价好？有没有其他一些好的报价方法？这都是谈判中应该考虑到的问题。

一般情况下，谈判中应该发起谈判者先报价，投标者与招标者之间应由投标者先报，卖方与买方之间应由卖方先报。先行影响、制约对方是先报价的好处，先报价能把谈判限定在一定的范围内，在此基础上最终达成协议。比如说你先报价，报价为1万元，那么，竞争对手很难奢望还价至1000元。有一些地区的服装商贩，就大多采用先报价的方法，而且他们报出的价格，一般超出顾客拟付价格的一倍甚至几倍。比如说1件衬衣只卖到60元的价格，商贩就心满意足了，而他们却报价160元。他们考虑到大部分人不好意思还价到60元，所以，只要有人愿意在160元的基础上讨价还价，商贩就能赢利赚钱。当然，卖方先报价也应该有个"度"，不能漫天要价，失去谈判的机会——假如你到市场上问小贩鸡蛋多少钱1千克，小贩回答说600元1千克，你绝不会再费口舌与他讨价还价了，这就是一个博弈的过程。

很明显，先报价有一定的好处，但它却泄露了一些情报，使对方听了以后，可以把心中隐而不报的价格与之比较，然后进行调整，合适就拍板成交，不合适就利用各种手段进行杀价。

著名发明家爱迪生在美国某公司当电气技师时，由于他的其中一项发明获得了专利，公司经理表示愿意购买他的这项专利权，并问他要多少钱。当时爱迪生想，能卖到5000美元就很不错了，但他并没有说出来，只是督促经理说："我的这项发明专利权对公司的价值你也是知道的，所以，价钱还是请您自己说一说吧！"经理报价道："40万元，怎么样？"对爱迪生来说，谈判当然是没费周折就顺利结束了。爱迪生因此而获得了意想不到的巨款，为日后的发明创造提供了资金。

因此，先报价和后报价都有利弊。谈判中是决定选择"先声夺人"还是"后发制人"，要根据不同的情况而做出灵活处理。

一般情况下，如果你准备充分了，而且还知己知彼，就一定要争取先报价；如果你不是谈判高手，而对方是，那么你就要沉住气，不要先报价，要从对方的报价中获取信息，及时修正自己的想法。但是，如果你的谈判对手是个外行，那么，不管你是"内行"还是"外行"，你都要争取先报价，力争牵制、诱导对方。自由市场上的老练商贩，大都深谙此道。当顾客是一个精明的家庭主妇时，他们就采取先报价的技术，准备着对方来压价；当顾客是个毛手毛脚的小伙子时，他们大部分都是先问对方"给多少"，因为对方有可能会报出一个比商贩的期望值还要高的价格，而如果先报价的话，反而就会失去这个机会。

先报价与后报价都需要有一个好谋略，有一些特殊的报价方法，则涉及语言表达技巧方面的问题。同样是报价，运用的表达方式不同，其效果也是不一样的。假设说一个省保险公司为动员液化石油气用户参加保险，宣传说：参加液化气保险，每天只交保险费 1 元，若遇到事故，则可得到高达 1 万元的保险赔偿金。这种说法，用的是"除法报价"的方法。它是一种价格分解术，以商品的数量或使用时间等概念为除数，以商品价格为被除数，得出一种数字很小的价格，使买主对本来不低的价格产生一种便宜、低廉的感觉。如果说每年交保险费 365 元的话，效果就差得多了。由于人们觉得 365 是个不小的数字，而用"除法报价法"说成每天交 1 元，人们在心理上会很容易地接受。

既然有"除法报价法"，是否也会有"加法报价法"？有时，怕报高价会吓跑客户，就把价格分解成若干层次渐进提出，使若干次的报价，最后加起来仍等于当初想一次性报出的高价，这就是"加法报价法"。

假设一个文具商向画家推销一套笔墨纸砚。如果他一次报出一个高价，可能画家根本不买。但文具商可以先报出笔价，价很低；成交之后再谈墨价，要价也不高；待笔、墨卖出之后，接着谈纸价，再谈砚价，抬高价格。画家已经买了笔和墨，自然想"配套成龙"，不忍放弃纸和砚，因此商家在谈判中就很难在价格方面做出让步了。

采用"加法报价法",卖方依靠的多半是所出售的商品具有系列组合性和配套性。买方一旦买了组件1,就无法割舍组件2和3了。针对这一情况,作为买方,在谈判前就要考虑商品的系列化特点,在谈判中及时发现卖方"加法报价"的企图,挫败这种"诱招"。

一个优秀的推销员,当他见到顾客时很少直接逼问:"你想出什么价?"他只是会不动声色地说:"我知道您是个行家,经验丰富,根本不会出20元的价钱,但你也不可能以15元的价钱买到。"这些话似乎是顺口说来,但实际上是在报价,片言只语就把价格限定在15~20元的范围之内。这种报价方法,既报高限,又报低限,"抓两头,议中间",传达出这样的信息:讨价还价是允许的,但必须在某个范围之内。比如说上面这个例子,在无形中就把讨价还价的范围规定在15~20元之间了。

另外,有时谈判双方都出于各自的打算,都不会先报价,这时就有必要采取"激将法"让对方先报价。激将的办法有很多,比如故意说错话,以此来套出对方的消息情报。

如果绕来绕去,双方都不肯先报价,这时,你不妨突然说一句:"噢!我知道,你一定是想付30元!"此时对方就有可能争辩:"你凭什么这样说?我只愿付20元。"他这么一辩解,实际上就等于报出了价,你就可以在这个价格上讨价还价了。

经过博弈分析可以看出,商业谈判中的报价与商品的定价是有相同之处的,从某些方面来说,谈判中的报价也可以说是一种变相的商品定价,因此在谈判中的报价技法就可以借鉴一下商品定价的方法与策略。但总的来说,关键还是博弈的运用,如果你能掌握住博弈的技巧,那么你就会是受益更多的一方。

◉ 讨价还价中的博弈

古语有云,世事如棋。生活中每个人都如同棋手,其每一个行为都如同在一张看不见的棋盘上布一个子,精明慎重的棋手们相互揣摩,相互牵制,人人争赢,下出诸多精彩纷呈、变化多端的棋局。博弈本是一种平和之道，没有什么是绝对的。小到下棋对弈、为人处事，大到古时的战场、现今的商场，无一不在博弈中生存。

在商场讨价还价时，经常会运用到著名的最后通牒博弈。

这个最后通牒博弈讲的是关于分蛋糕的故事：假设有一对男女在分一块蛋糕，那么怎样分配才能保证公平合理呢？有一个很简单的办法，就是一方将蛋糕一切两半，另一方则选择自己分得哪一块蛋糕。不妨先假设男 A 负责切蛋糕，而女 B 则在两块蛋糕中选择一块。很显然，男 A 在这种切蛋糕的规则下一定是努力让两块蛋糕切得尽量大小相同。但是，在现实中，将两块蛋糕切得完全一样大小是不可能的。如果使用精密仪器去测量，用精密刀具去切割，则成本太高，还不如用手去切。假设这个男 A 与女 B 都是那种斤斤计较很小家子气的人，在这样规则下，男 A 分得的蛋糕一定是小的那块。

男 A 和女 B 都想得到最大块的蛋糕，两个人都不愿意先去切这块蛋糕，于是又出现了另一种分配蛋糕的规则。如果把蛋糕的总量看作 1，男 A 和女 B 各自同时报出自己希望得到的蛋糕的份额，如 4/5，7/8。他们之间约定，必须是两人所报出的份额相加总和等于 1 时，才能分配，否则重新分配。但是，从数学角度上看，这两个人博弈的纳什均衡点会有无数个，只要两人所报出份额相加为 1，就都是均衡结局，比如男 A 报 1/2，女 B 报 1/2；男 A 报 2/3，女 B 报 1/3，依此类推。这里的问题在于如果女 B 报 8/9，男 A 报 1/9，这个时候男 A 也只有接受这个条件，由于这是一次性博弈，如果男 A 不接受，那么双方连一丁点的蛋糕都分不到。从人的理性角度来看，这种结果显然是不存在的。

在现实生活中，那些绝对的利他主义者，或者说是带有其他目的的博弈参与者除外，很明显，如果把 4/5 的蛋糕归某一参与者，而剩余仅仅 1/5 的蛋糕留给另一参与者的情况是很难发生的。对于这个例子来说，男 A 绝对不会满足于只分到 1/5 的蛋糕，他会要求再次分配。在这种情况下，分蛋糕的博弈就不再是一次性博弈。

实际上，分蛋糕的博弈相当于商场中讨价还价的博弈。在商场竞争中，无论是日常的商品买卖，还是国际贸易乃至重大政治谈判，都存在着讨价还价的问题。比如中国加入 WTO 的时候，领导人为了国家或民族利益与许多发达国家进行了漫长而又艰难的谈判。我们从这个漫长的谈判中可以发现，这实际上就是一个博弈的过程，比如发达国家首先对中国提出一个要求，中国决定是接受还是不接受，如果中国不接受，可以提出一个相反的建议，或者等待发达国家重新调整自己的要求。这样双方相继行动，轮流提出谈判要求，从而形成了一个多阶段的动态博弈。

有一个这样的故事：某个穷困的书生甲为了维持生计，要把一个古董卖给财主乙。书生甲认为这古董至少值 300 两银子，而财主乙是从另一个角度考虑，他认为这古董最多只值 400 两银子。从这个角度看，如果能顺利成交，那么古董的成交价格会在 300 ~ 400 两银子之间。如果把这个交易的过程简化为这样：由乙开价，而甲选择成交或还价。这时，如果乙同意甲的还价，交易顺利完成；如果乙不接受，那么交易就结束了，买卖也就没有做成。

这是一个很简单的两阶段动态博弈问题，应该从动态博弈问题的倒推法原理来分析这个讨价还价的过程。由于财主乙认为这个古董最多值 400 两，因此，只要甲的讨价不超过 400 两银子，财主乙就会选择接收讨价条件。但是，再从第一轮的博弈情况来看，很显然甲会拒绝由乙开出的任何低于 300 两银子的价格，如果说乙开价 390 两银子购买古董，甲在这一轮同意的话，就只能得到 390 两银子；如果甲不接受这个价格，那么就有可能在第二轮博弈提高到 399 两银子，乙仍然会购买此古董。从人类的不满足心理来看，显然甲会选择还价。

在这个例子中，如果财主乙先开价，书生甲后还价，结果卖方甲可以获得最大收益，这正是一种后出价的"后发优势"。这个优势相当于分蛋糕动态博弈中最后提出条件的人几乎霸占整块蛋糕。

事实上，如果财主乙懂得博弈论，他可以改变策略，要么后出价，要么是先出价但是不允许甲讨价还价，如果一次性出价，甲不答应，就坚决不再继续谈判来购买甲的古董。这个时候，只要乙的出价略高于 300 两银子，甲一定会将古董卖于乙。因为 300 两银子已经超出了甲的心里价位，一旦不能成交，那一文钱也拿不到，只能继续受冻挨饿。

博弈理论已经证明，当谈判的多次博弈是单数时，先开价者具有"先发优势"，而谈判的多次博弈是双数时，后开价者具有"后动优势"。这在商场竞争中是常见的现象：非常急切想买到物品的买方往往要以高一些的价格购得所需之物；急于推销的销售人员往往也是以较低的价格卖出自己所销售的商品。正是这样，富有购物经验的人买东西、逛商场时总是不紧不慢，即使内心非常想买下某种物品都不会在商场店员面前表现出来；而富有销售经验的店员们总会用"这件衣服卖得很好，这是最后一件"之类的陈词滥调。

生意里的讨价还价正如书生甲与财主乙之间的卖与买一样，都是一个博弈的过程，如果能够运用博弈的理论，一定能够在价格谈判中赢得优势。

◎ "胆小鬼策略"和"让步之道"

又如，在很多蹩脚的电影中都有这样的情节：两个黑帮大佬都想向对方展现自己无比的勇气，所以他们决定各自开着豪华汽车对撞，那个先打方向盘的就输了。当然，一般电影里面主角总能坚持到最后，并且赢得胜利。在这场博弈中我们把策略分为如下两种：

A：胆小鬼策略。

B：勇士策略，坚持到底的策略。

如果双方都取 A 策略，双方都会草草收兵，都没有得到什么好处，也不会受多大的损失。如果双方都取 B 策略，硬碰硬，结果双方都是非常悲惨的。如果一方选择 A 而另一方选择 B，那么选择 A 的一方将会失败，而选择 B 的一方将取得胜利。

这个博弈显示了"两军相遇勇者胜"的道理。但除此之外，它还说明了更多的东西。如果两军都是勇者，结果对于双方将是一场毁灭性的灾难，双方都得到这个对局中最差的报酬。如果双方都是胆小鬼，双方都将无所收获，但避免了严重损失。如果一方是勇士而另一方是胆小鬼，那么前者将得到最高的报酬而后者虽然没有遭受重大损失却落得个"懦夫"的贱名。很显然，博弈双方都不希望同归于尽的结局出现，而谁都不甘心做胆小鬼，那么双方的策略又是如何选择，这场博弈中均衡又是如何实现的呢？

如果一个决策者在他的对手看来是"不理性的"、"控制不住自己的"、

"疯狂的"、"玩命的"，或者说是"视死如归的"、"大无畏的"，那么在胆小鬼博弈中他就处于有利的地位。

这就不难解释为什么商场上以报复著称也可以得到好处。生意人往往会试图通过打官司来报复，只是请律师必须花一大笔钱，因此，要是有人已经对你造成伤害，把它忘掉往往会比采取法律行动来得好。不过，要是大家都认为你会为了赌一口气而上法庭讨回公道，那么他们就会避免让你找到反击的借口，最好用的法律复仇策略就是让别人相信，假如有人真的侵犯了你的合法权利，你绝对会拼了命地告到底。

做生意的目的就是要尽量多赚一点钱。假如有公司为了其他目的而放弃赚钱的机会，经济学家就会觉得它不理性。但有趣的是，这样不理性的人反而可能会比一心只想赚钱的人赚到更多的钱。

在谈判中，自己虽被动也可以提高谈判的优势。假设你是一位谈判代表，而你能证明你无权做出让步，也许能顺利成交。比如产品对买方的价值为3000万元，而产品对卖方的价值为2000万元。卖方只要能让买方相信，他没办法用低于2900万元的价格出售该产品，他就可以得到好处。当然，买方也可能会怀疑卖方是为了提高本身的谈判优势而说谎。把主动权交给目标和自己不同的代理人往往可以提高本身的谈判优势。假设在上述的博弈中，买方请了一位专业的谈判代表。他的专长在于赢得理想的交易，或是退出谈判。虽然对买方来说，花2900万元比买不到产品要划算，但谈判代表宁可使谈判破裂，也不愿意因为拿下糟糕的交易而坏了自己的名声。

然而，在这种博弈中"胆小鬼"也未必一无所获，谈判本质上都是非零和的。不管最后谈成什么结果，达成协议总比不达成协议要好得多。胆小鬼的策略也包括适时的让步策略。除了上面说的要把主动权交给对方，自己不轻易表态外，该让步还要让步，有时后退一步，就会海阔天空。金庸的小说《天龙八部》里有个珍珑棋局，讲的就是后退一步反而制胜的道理，珍珑棋局多年来无人破解，结果傻和尚虚竹自杀了一步，没想到一步蠢棋，却让自己赢得了整个棋局的胜利。所以在谈判中也是一样，懂得适时让步虽然看似胆小懦弱，其实却是明智的策略。因为任何一方的过于强势都不是最优策略。

谢林讨论过两国军事对抗的例子。若一国先动员军队进入战备，另一国不动员战备，则先动员一方得益为 a，不动员的国家得益为 c；若两国都动员军队，双方剑拔弩张，则两国得益都为 0；若两国都休战，则双方各得 b。这里，a＞b＞c＞0。显然，如写成"2×2"矩阵，这里有 3 个纳什均衡：(c, a)，(a, c) 与混合策略均衡。而在混合策略均衡中动员军备的均衡概率为 P。谢林敏锐地指出，"c"是对方在我方先发制人时的得益，但这里，为了让先发制人方降低动武的概率 P，也需要提高对方的得益"c"。而"提高 c"就是先发制人一方对对方的让步！

在谈判过程中，对方强烈要求让步的地方，就是对方对于谈判利益的需求所在。在这个时候，如果能做出适当的让步，那么就有机会换取对方在其他方面的更大让步，记住，让步的同时是要求对方以其他的方面也做出让步为条件，当对方对你火冒三丈或对你咄咄逼人的时候，也是对方的利益需求充分暴露的时候。比如说一个员工对工资福利有很大意见的时候，对公司而言不是一场危机而是一个机会，因为管理者可以通过对薪酬福利的让步换取员工更大的劳动生产率，但怕就怕对方没有意见但也没有行动。

虽然许多谈判者也知道这个道理，但在谈判实战中往往提不出变换的谈判条件，这主要是对于己方需要获得的利益还没有一个多层面的、全面的把握。所以他们往往死抱着一个或几个谈判条件，要么由于僵化而使谈判陷入僵局；要么被迫做出让步而一发不可收拾。

只有发掘出某一次谈判己方所需要获得的利益点，有利的让步才可真正实现。灵活的让步可以促使谈判的成功以及使双方利益最大化。

◉ 诚信机理的核心问题

根据博弈论的基本理论，做生意、经商，不讲诚信从根本上说是行不通的。

企业经营不讲诚信，在世界上任何一个国家都存在。任何成熟的市场经济国家都有诚信需求。从 1994 年墨西哥危机到阿根廷危机，以及 2001 年位于世界 500 强前列的美国安然公司的破产事件，无不说明这个问题。这就是说，成熟的市场经济并不能从根本上脱离诚信。但是，问题在于社会和企业怎样看待和对付这种不讲诚信的企业和行为。在一个社会中，少数企业经营不讲诚信并不可怕，可怕的是一批企业经营不讲诚信，社会对这种不讲诚信的行为麻木不仁，企业之间还相互效仿。

在我国现实生活中存在的五花八门、毫无诚信的经营行为，已经成为人们见怪不怪的"正常"现象。企业间的诚信缺失必然导致交易效率下降和交易成本上升。一些企业偷税、骗税、骗汇和走私活动猖獗，一些企业任意变更或撕毁合同。由于企业间相互拖欠货款，使得企业间互不信任，交易如履薄冰，现实的交易行为已经倒退到"一手交钱，一手交货"的原始状态。企业间交易效率下降，交易成本提高，这种做法极大地制约了社会主义市场经济的发展。一些企业财务失真，明目张胆地编造假账假数据，违反财经纪律的行为屡禁不止……所有这些无一不是一些企业经营诚信缺失所致。

不仅一般工业企业和商业企业经营中存在着诚信缺失问题，就连应该最具诚信的上市公司也弄虚作假，制造虚假利润，骗取上市资格。串通庄家做市，报表重组，欺骗中小股东等现象，成了许多上市公司心照不宣的"秘密"。2001 年股市缩水后的"ST 猴王"、"ST 幸福"、"银广夏（后为 ST 银广夏）"等股市丑闻，就是突出的典型。我们看一下上市公司如何与媒体勾结欺骗股民的，在孙成钢的《股市预测》一书里，对股市内幕做了详细的披露。

任何庄家要做好股票，都要利用媒体宣传。最受庄家欢迎的当然是一些影响力最大的报纸。

庄家在利用媒体的时候，有个基本次序：先通过记者或者通讯员发布一些小消息，再逐渐通过记者或者通讯员发布一些老总的访谈录，再在报纸上开个专栏连续宣传，然后在报纸上出整版的投资价值报告。你可以根据这个原则判断庄家的操作步骤，一般来说，出小消息的时候正是股价上涨的中期，庄家出消息的目的是减轻拉高的压力。到出老总访谈录的时候一般就开始初期的出货了，到出整版投资价值报告的时候一般就到了出货的中期了。很少有光花钱做宣传而不出货的。

举个例子：某股票从 1999 年 2 月的 8 元多涨到 28 元，报纸上几乎没有任何宣传。到股价接近 29 元的时候，开始有消息称该项目竣工，到 30 元的时候，有老总的访谈录，到 33 元附近的时候，出来了整版的宣传广告，甚至拿出某家会计师事务所的评估报告来告诉大家公司的业绩能上涨到什么高度，让你看了恨不能立刻去买这只股票，可惜，此后该股票却持续下跌。

所以，做股票的时候要坚持一个基本原则：股评说越好的，媒体上宣传做得越多的，就是庄家要出货了。1997 年一个周末，有一家报纸的荐股栏目有 5 家机构同时看好申华实业和鞍山信托，但在随后的星期一，这个股票一开盘就涨停板，无数的散户在等待，最后涨停打开，主力顺利出货，这个涨停板也成为中长期的头，这也是庄家利用传媒、利用机构、利用图形造假的典型例子。

看了股市里的操作内幕，你可能会感到震惊，难怪自己投资股市总不挣钱，原来上市公司与媒体如此欺骗大众，这主要也是我国长期的股权分置造成的，所以股市作为经济晴雨表的能力一直没有得到发挥。但其实各个行业都会有它的潜规则，各个行业的内幕在个人看来也许都是惊人的。

诚信本身具有很强的外部性，当绝大多数企业都讲诚信时，少数企业不讲诚信就会受到严厉的惩罚。但是，当大多数企业不讲诚信，只有少数企业讲诚信时，少数讲诚信的企业只能是单方面受损。特别是在信息不对称的条件下，单个企业经营坚持诚信可以看作是一种风险。也就是说，在信息不对称的有限博弈中，任何一方都没有诚信的动力。骗一把就跑是信息不对称有限博弈状态下常见的现象。只有信息畅通、重复博弈才能建立起诚信经营的机理。因为，诚信经营机理的核心问题是"当事人为了合作的长远利益，愿意抵挡欺骗带来的一次性好处的诱惑"。换句话说，诚信机理发生作用的条件是信息畅通，当事人的不诚信行为能够被及时察觉，交易关系须有足够高的概率持续下去。

总而言之，在商场竞争中，为了长远的利益着想，就应该诚信经营。纵观国内外成功企业，无一不是以诚信为本而发展壮大的，诚信是成功企业共同追求和必备的品质之一。如：美国历史上被评为"腌菜之王"的海因茨，100 多年来独步全球，并带动了汉堡包与薯条业的兴起，成为世界上最大的食品加工企业的创始人，他成功的哲学，就是"忍耐加诚实"。平时人们对他有极好的信誉，即使在 1875 年全美国经济大萧条的情况下，为了守信，他赔本收购，后来连自己的企业也破产了，仍在四处借债履行合约，他坚持自己的信仰"一个诚实的人不会在商场上倒下"。后来他成为商场巨人，它的腌黄瓜、番茄酱全球有名。他的成功是经营理念的成功，也是品质的成功。海尔集团提出的"真诚到永远"经营理念，为广众耳熟能详，正是这一诚信理念加之科学的管理，才使企业在短期内迅速壮大，他们平时极力营造的和谐的企业文化，特别是售后服务方面，更是别具特色。现在又实施国际化战略，着力于提高国际美誉度。由以上成功的经验可以看出"诚信"的价值。任何企业都要靠诚信取胜，以诚信为企业的法宝。

第九章

管理要懂博弈论：

胡萝卜再加大棒

直线与矩阵，合力与张力

在企业界，人们常说"船小好掉头"，意即企业小，无论从管理还是业务上都可以灵活多变，快速适应市场的变化。但是，不想当将军的士兵不是好士兵，不想把企业做大做强的企业家也绝对做不好企业。所谓商场如战场，只有把企业做大，这样在激烈竞争的商海中，才有充分的发展机会。

对于企业，人们常说"小有小的好处，大有大的难处"，其实都涉及企业的核心问题——如何管理。企业小，易于操纵控制，容易"掉头"，但在商海浪潮中，经不起大风大浪；那"大有大的难处"，难处又表现在什么地方呢？其实大企业就像一个大家庭，千头万绪，没有一个精明能干的管家，没有一套高效便捷的管理方法，只能使"大家庭"陷入政出多门和各种"内耗"之中。在小说《红楼梦》里，家大业大的贾府管理混乱，仅府内的"管理专家"王熙凤就总结出如下弊端：人口混杂、遗失财物；事无专执、临期推诿；需用过度、滥支冒领；任无大小、苦乐不均；家人豪纵、有脸者不服矜束、无脸者不能上进。简言之，贾府的管理体系十分混乱，而正是这种从上到下一片混乱的管理，个人都打着小算盘，在探春"改革"失败后，贾府表面烈火烹油，实际外强中干，急转直下，最后走向毁灭。

一个拥有血缘关系的家庭，缺乏完善的管理，会导致家庭的衰弱与毁灭。一个企业，靠着利益把彼此陌生的人召集在一起，如何在商品经济的浪潮中把企业做大做强，实现企业与员工的"共赢"呢？管理，高效、便捷、务实的管理，是一个至关重要的因素。任何一个成功的大企业，没有一套适合自己需要的管理措施，是不可能把企业做好的。那么成功的企业又是如何根据自己的情况和形势发展，建立和完善自己的管理体系的呢？

案例一

20世纪90年代初期，春兰只是单一生产空调器的企业，规模也不大，管理体制采用的是典型的直线职能制管理模式。这种管理方式最大的优点就是政令通畅，企业能快速决策、高效运行。随着多元化经营的一步步深入，春兰组建了电器、自动车、电子、商务、海外五大产业公司，成为一个多元化经营的跨国企业集团。企业的组织机构越来越庞大，企业的管理层次越来越多，直线职能制的弊端越来越明显。春兰在1997年4月把直线职能制管理体制调整为分层管理和分产业管理。但这种管理模式还是不能彻底解决产业公司各自为政，相互之间横向联系弱，资源得不到有效的整合和利用的问题。1999年，春兰再次创新，改为矩阵管理模式。矩阵式管理以产业为列，以资源为行，"横向立法，纵向运行"。所有产业集团及其下属的工厂划属纵向部门，集团的法律、人力、投资、财务、信息资源等部门划属横向部门，规定横向部门制定规则，纵向部门在规则中运行，从而克服权力交叉和相互制约现象。

案例二

海尔集团15年来，以平均每年82.8%的速度高速稳定增长，从一个濒临倒闭的集体小厂发展成为中国家电第一名牌，这与它摸索出来的严格管理体制是分不开的。

海尔创业初期采取的是直线职能式管理，最初工厂只有600名员工，效益不好，管理混乱，采取直线职能式管理，强化了管理和解决了混乱局面；在海尔进入多元化的发展阶段，采取的是矩阵结构管理，以项目组为主，使职能与项目有机地结合，促进企业发展。在新经济时代，海尔采取了"市场链"。一边整合企业外部资源，一边满足消费者个性化的需求，每个部门、每个员工都面对市场，变职能为流程，变企业利润的最大化为顾客满意度最大化。

在现代企业管理制度中，人们常常把那种自上而下呈金字塔形的管理体制称为直线职能制，而把根据不同业务分割成块状，彼此横向联系不大，而共同受制于上级的管理体制称为矩阵制。一般来说，企业业务专一，规模不大的时候，实行直线制，而企业规模大，或者进行多元经营，涉足不同行业的时候，则实行矩阵制，这是当前企业管理的主流。即便如此，这些管理体制是不是就尽善尽美了，达到了企业管理的最高水平了呢？

从上述案例来看，要把企业做好，就必须建立适合自己的管理体制。春兰企业，是中国空调企业的知名品牌，曾经长期是空调行业的"巨无霸"。从它的"成长"经历来看，管理体制是不断完善和改进的，从最初的直线职能制到直线职能、分层管理和分产业管理，再到矩阵管理模式，这是企业在发展过程中走过的典型道路。直线职能，正如春兰自己所说这种管理方式最大的优点就是政令通畅，企业能快速决策、高效运行，也就是说，在一个上级，一个声音的指导下，由于各个小部门彼此非常熟悉，能够协调一致，尽可能地实现充分协调，这在博弈上就是一种合作性博弈。但是这种管理制度也有不少缺陷，就是一切决策都由上级决定，下级只是刻板地执行，上下之间缺乏充分的沟通，下级的工作积极性不能充分调动，如果上级判断失误，就很容易使企业陷入"险境"，而且企业规模大了，涉足不同行业，如果还采用这种形式，权力过分集中，上层不可能十八般武艺样样精通、事无巨细、丝丝入扣，因此，一旦多元化，直线制反而使决策层陷入困境，既难以掌握一线情况，又难以做出准确的判断，因此这种方式也不是尽善尽美的。从春兰企业的发展看，当它从空调行业开始涉足电器、自动车、电子、商务等业务时，已经进入多元发展时期，虽然采取了直线职能、分层管理和分产业管理制，但这种管理模式只是直线职能的"扩大化"，从纵向看，它增加了企业的管理层级，管理成本增加，效率降低；从横向看，不同行业的产业公司各自为政，横向联系弱，拥有的信息和资源得不到有效的整合和利用，这实际上就是把大企业分成许多小企业，彼此互不隶属，这种方式最大的弊端就是容易导致企业离心力加大，各人只扫门前雪，不管他人瓦上霜，企业"内耗"增加，无形中导致了内部的非合作性博弈。在察觉这种管理弊端以后，春兰迅速调整为矩阵管理模式，但它不再是简单的条块分割，而是"横向立法，纵向运行"，根据不同产业，分成了不同的纵向部门，这实际上是一种放权，保证不同产业由本行业内的精英操作，顺利运作，还避免不同产业彼此扯皮，减少内耗；同时企业在法律、人力、投资、财务、信息资源等方面建立横向部门，这就使可以"共用"的资源得到充分"共享"，避免资源浪费。整体而言，这种模式在可以共赢的方面实现共赢，在应该分权的地方实行分权，就使整个企业集团在整体上实现了合作，因此，春兰集团的这种管理模式，从理论上来说，是一种比较理想的管理方式。

与春兰管理模式相比，海尔走的路基本相同，都是由单一型企业向多元企业发展，管理上从直线职能向矩阵制转变。但在管理理念上，海尔显然有自己的独具特色。海尔"市场链"的提法，显然是变通西方经济学家的"价值链"理论，但不同的是，"价值链"是以边际效益最大化为目标的，即主要目标是为企业攫取最大限度的利润；而海尔人的"市场链"是以顾客满意度最大化为目标的。具体而言，海尔人的"市场链"，就是从市场获得消费者个性化需求的信息，然后把这个信息转化为订单：物流根据订单采购；制造系统按订单生产；商家把产品送到用户手中。由于消费者的需求永远是动态的，因此企业永远保持着非平衡的有序的动态发展状态。从表面上看，"市场链"不像"价值链"一样注重企业效益，而且有点"自讨苦吃"，因为人们常说"千人千面，千鸟千音"，又所谓"众口难调"，要最大限度地让顾客满意的确是个巨大的挑战，但正是这种追求和理念，才能赢得顾客的信任，才能培养顾客对一个品牌的忠诚，而不是对一个产品的忠诚。而当一个企业"能够最大程度满足用户个性化需求，利润自然就在其中了"。从这里看，海尔人在管理模式上，总体上也走上了矩阵制的管理，在这种管理中，海尔创造了许多内容更加精湛、形式更加严谨的管理方法，同时海尔在经营理念上也确有他们的独特之处，这就是海尔能够走向世界的一个主要原因。

直线和矩阵，是当代企业管理的两大模式，这两种模式各有优劣。就直线而言，能够提高效率，迅速沟通，彼此协作，尽可能实现合作，但存在"一言可以兴邦，一言可以丧邦"的危险。矩阵是当前企业的发展趋势，是各个企业比较青睐的方式，但这种分割放权，很容易使"小集体"和"大集体"离心离德，"小集体"和"小集团"之间相互竞争，彼此疏远，容易导致各个群体只顾本部门利益而忽视整体利益。所以，直线和矩阵是管理方式，但不是一用就灵、一用就好的灵丹妙药。对企业管理者来说，不管采用哪种方式，最关键的就是尽可能使企业不同部门和成员形成向前的合力，尽量减少摩擦，降低内耗，形成合作，而非对抗，这样企业才能把速度、效益和规模完美结合，才能实现企业成员的"共赢"。

◉ 团队精神与个人主义

团结就是力量，这是千真万确的真理。战国的时期秦王曾经问从齐国投奔过来的大臣蒙骜："齐国人和秦国人比谁厉害？"蒙骜毫不犹豫地回答，如果一个一个地比，齐国人厉害，如果一国一国地比，齐国远远不如秦国，因为秦人团结。的确，这是实情，秦国自从商鞅变法以后，重视社会风俗"建设"，使秦民"勇于公斗，怯于私仇"，对内相互忍让，不搞内耗，个个对外勇猛善战，而且齐心一致。正是靠着这种"团队精神"，秦国以一国之力，打得山东六国军队抱头鼠窜、望风而降，最后一统天下。清末太平天国起义，最初太平军能够团结一心，无往而不胜，打下江南半壁江山，建立了自己小朝廷。但此后，洪秀全沉溺于享乐，杨秀清居功自傲，韦昌辉心怀不满，相互之间敌视，最后导致刀兵相见，天京事变以后，太平军虽然还拥有近50万人，但处于各自为政的状态，一个坚强的团队变成无数有利则联合，无利则分散的群体。而与此同时，太平军的死敌——湘军却开始崛起，双方进行了5年的决战。有意思的是，湘军由于只能靠贫瘠的湖南供应粮饷，无力招募更多的军队，前前后后始终保持在5万人左右，鏖战江西3年、围困九江近一年，强攻南京近半年，实际上打得都是一场场以少胜多的战役。在南京城下，3万湘军曾和李秀成的十几万大军在雨花台苦战四十多天，硬是让李秀成败走，拿下天京。事后曾国藩总结战胜太平军的原因，其中一个重要的要素就是湘军各部：朝则口舌相交，旦暮拼死相救。湘军人数虽少，但都是依靠乡土宗族关系组建的一支地方军，军队内部彼此有时候矛盾重重，但到关键时刻却是患难相恤而不会隔岸观火、落井下石，湘军所拥有的正是后期太平军所丢失的。

依靠团队精神战胜对手、摆脱困境不仅频频出现在战场上，在商场上、在企业运作上也需要团队精神。日本松下集团创始人松下幸之助白手起家，建立松下集团，深深懂得建立团队精神，保持集体力量的重要性。20世纪70年代，日本曾经遇到一次经济大萧条，各个公司纷纷裁员以求渡过难关，松下公司也不能幸免，产品销路不畅，大量积压。当时他的智囊集团建议"生产减半，工人减半"以求摆脱困境。松下却将这一决定改为"生产减半，工作减半，工资不减"，所有工人一天只上半天班，却拿以前一样多的工资。所有松下成员深受感动，从经理到职员都利用半天休息时间动用自己所有的社会资源推销松下产品，结果没过多久，松下集团产品反而出现供不应求的状态。这就是团队力量爆发后发挥的惊人力量。

这些故事反反复复说明一个道理，大到一个国家、一支军队，小到一个企业，一个小组，要在激烈的竞争环境中求得生存和发展，就必须具备团队精神，就必须让所有成员形成合力，形成一种合作性博弈，才能在大风大浪中取得胜利。

团队精神在某种意义上就是我们经常说的"集体主义"，由集体主义，人们常常就会想到与团队、与集体相对的个人、个人主义。长期以来，我们在探讨团队、集体和个人时，理论上往往把"集体主义"与"个人主义"看作是对立的概念，当集体利益与个人利益发生矛盾时，"正确的"价值取向应该是"以人民群众的利益"为根本出发点，坚持集体利益高于个人利益，个人利益服从集体利益。尽管我们也提倡集体利益与个人利益的结合与协调，倡导"人人为我，我为人人"，甚至在理论上把二者说成辩证统一的关系，但是，仍然存在个人正当利益被忽视，个人与众不同的表现被看作是出风头，被看作是摆谱，甚至个人权益被看作是与集体主义、与团队精神截然对立的一个概念，团队与个人，集体与个人形成的不是合作，而是对立。其最后结果是：少数服从多数，唯命是听，唯命是从。而人的个性创造、个性发挥，最终则被扭曲和抹杀掉了。

实际上，团队、团队精神不仅需要个人和个人主义，团队本身也有别于集体，团队并不是一个简单的由人拼凑的集体，国际知名学者卡扎巴赫和史密斯指出了团队和一般性的集团的区别：团队不是指任何在一起工作的集团。团队工作代表了一系列鼓励倾听、积极回应他人观点、对他人提供支持并尊重他人兴趣和成就的价值观念。在专家看来，一个真正的团队，其成员是经过选拔组合的，是特意配备好的；团队的每一个成员都干着与别的成员不同的事情；团队管理者，团队的领导者是要区别对待每一个成员，通过精心设计和相应的培训使每一个成员的个性特长能够不断地得到发展并发挥出来。这才是名副其实的团队。

换一个角度来说，一个锐意进取，一个真正的团队，它的成就首先是来自于团队成员个人的成果，其次才是来自于集体成果；团队精神就是尊重个人的兴趣和成就，设置不同的岗位，选拔不同的人才，给予不同的待遇、培养和肯定，让每一个成员都拥有特长，都表现特长，也就是说，团队精神是"个人主义"合力的结果。但这种"个人主义"不是分裂主义，他们的总体目标是一致的，在同一个方向上，发挥每一个人的特长，让"个人主义"得到充分发挥，从而实现整体目标。这样的事例，古今中外，的确不胜其数。

故事一

战国时期，齐国的孟尝君、魏国的信陵君、赵国的平原君、楚国的春申君以好"养士"而闻名诸侯，他们招揽门客，扩大自己的势力，并因此而闻名天下。在四大公子中，齐国的孟尝君招贤纳士的标准与众不同，只要自称有一技之长的，他都一律以礼相待，投奔他的门客特别多。后来他奉齐王之命出使秦国，秦昭王害怕他招纳众多的人才，促使齐国强大，对秦国不利，想找个机会杀了他以绝后患。就在危急关头，一个门客建议他贿赂秦王的宠姬，但宠姬看上了孟尝君献给秦王的白狐裘——唯一一件白狐裘。于是，他的一个门客用"狗盗"之术潜入皇宫，盗取了白狐裘，贿送给昭王宠姬，才得以逃脱。等到他与门客日夜兼程来到函谷关时，城门尚未启开而追兵将至。这时又有一个门客模仿鸡叫，引得城内的公鸡一起叫起来，士兵以为天亮，按照惯例放开城门，孟尝君终于出关脱险。

故事二

一次，联想运动队和惠普运动队做攀岩比赛。惠普队强调的是齐心协力，注意安全，共同完成任务。联想队在一旁，没有做太多的士气鼓动，而是一直在合计着什么。比赛开始了，惠普队在全过程中几处碰到险情，尽管大家齐心协力，排除险情，完成了任务，但因时间拉长最后输给了联想队。那么联想队在比赛前合计着什么呢？原来他们把队员个人的优势和劣势进行了精心组合：第一个是动作机灵的小个子队员，第二个是一位高个子队员，女士和身体庞大的队员放在中间，殿后的当然是具有独立攀岩实力的队员。于是，他们几乎没有险情地迅速地完成了任务。

在这两则故事中，我们就可以看到团队精神和个人主义在一定程度上是并行不悖的。故事一中，对孟尝君一行来说，他们团队当时最高目标是逃出秦王的毒手，一门客知道秦王有一位宠姬，能够暂时让秦王做出错误判断。但宠姬的开价是天下无双的白狐裘，而此裘已经献给了秦王。这时，有着"狗盗"之术的另一位门客偷出了白狐裘，终于逃出咸阳。但当到达函谷关时，城门尚未打开，而追兵已至，又是靠一位善于学"鸡鸣"的门客发挥了关键作用。鸡鸣狗盗之徒不仅在当时，就是现在也是不登大雅之堂的货色。但孟尝君就是能够容忍这种"个性"在"文质彬彬"的集团存在，并最终让这些"个人主义"在逃跑的这个"总目标"中发挥了关键作用。如果不是靠各种"个人主义"组成孟尝君这个"优秀"的团队，这位齐国的贵族只怕要死于非命了。在故事二中，惠普和联想的队伍都是以登山为团队目标，但惠普强调的是"平等、平均"，而联想则把团队中的每一个人依据"个人"的才干做了合理搭配，个人能力发挥得恰到好处，团队的目标又恰恰与个人合力完全结合，因此联想的攀登山崖的"团队目标"就建立在"个人"充分合理的搭配和发挥上。

由此可见，真正的团队精神是组建才能各异的团队成员，尊重每个人的特长，发挥每个人的长项，使团队目标建立在个人能力的合力的基础上。团队精神与个人主义并不是截然对立的，而是有着内在的一致性，有着合作的基础。真正的团队精神必须发挥"个人主义"，必须保护好团队中每一成员的积极性，使他们的能力、特长，使他们的"个人主义"与团队目标一致，这样团队精神与个人主义就能形成完美的合作博弈，实现共赢。

◉ 董事长与总经理：罗盘与舵手

"鞠躬尽瘁，死而后已"是诸葛亮对两代君主做出的承诺，他这样说的，也是这样做的，他辅佐刘备取得了西南的大片土地，使一生东奔西跑的刘皇叔在晚年终于有了块安居乐业的地盘；他辅佐阿斗平定南方的叛乱，使扶不起的阿斗安安心心做了 40 年的太平天子；他为了恢复汉室天下，不顾国小民弱，六出祁山，以区区 10 万兵力与曹魏的近 40 万常备军相抗衡，而且一直把握着战争的主动权。诸葛亮以实际行动履行了对自己的伯乐——刘备的承诺，表现了一个儒家知识分子的高风亮节。

然而，在后来众多人眼里，诸葛亮却是一个不太合格的政治家和军事家，甚至不算是一个高明的管理者，甚至有人认为，诸葛亮最多只能当一个中层管理人员。年纪比他稍小，撰写《三国志》的陈寿就指出他"治戎为长，奇谋为短"；而屡次与诸葛亮在前线抗衡的司马懿得知自己的博弈对手连犯了错误的军士挨打多少棍都要过问的时候，感叹说："诸葛亮命不长矣。"再也不把对手放在眼里，而是耐心等待。结果果真如此，不久诸葛亮病死军中。纵观这对战场上斗得死去活来的对手，一个只活了 50 岁就撒手西去，死后十几年就国破家亡；一个却活了 73 岁，夺取了曹魏政权，培养了两个强悍的接班人，奠定司马家族政权基础以后才安然离去。

诸葛亮的一生是勤劳的一生，是战斗的一生，虽然在民间拥有崇高的威望，被视为智慧的化身，但在许多人眼里却不算一个很杰出的人物，关键就在于他作为蜀汉大管家管得太宽，管得太多。他上到天子刘禅的读书、吃饭、娶媳妇，下到十万大军中一位普通士兵挨打的棍数，通通包揽在自己身上。如此"鞠躬尽瘁，死而后已"的结果是，整个蜀汉没有了诸葛亮就无法运转，皇帝不知道怎么当皇帝，将军不知道怎么当将军，一个宦官黄皓就把这个西南小政权闹得上下离心，最后灭亡。

如果我们把整个蜀汉看作一条船，君臣共在一条船上经营他们的业务，那么皇帝应该类似股东和董事，是罗盘，指导国家前进方向；丞相应该是经理，是舵手，根据罗盘的指向，使这条船稳稳当当地前进。在刘备和诸葛亮做搭档的时候，罗盘和舵手配合还算默契，是典型的合作博弈，这对君臣合伙齐心协力，终于把"生意"从一个小县城做到一个大军区，最后取得三分之一的天下；可刘备一死，诸葛亮却把罗盘和舵手职务一手包办，这本来也无可厚非，因为他到底是个有经验的高级管理人员，而且应该做股东、董事和罗盘的皇帝刘禅也愿意放权，于是蜀汉至少还在前进。可惜诸葛亮事无巨细，一一躬身过问，既没有学会放权，给别人机会，也没有意识到培养接班人，以致他死后，蜀汉就像没有了罗盘和舵手的船，只能在原地团团转，一个大浪就把这一叶扁舟掀翻了。

诸葛亮的失败，不是败在人品，也不是败在谋略，而是败在管理。他的一生，很像唐代柳宗元在《蝜蝂传》里描绘的一种名叫"蝜蝂"的小虫。这种小虫有个特殊的喜好：背东西。它见东西就背，而且东西越重越喜欢。即使有人将东西拿下来，它也要再背上去，不知休息，直至把自己累死才罢。

把蜀汉的故事运用于现代企业管理，我们就可以看到，诸葛亮的"鞠躬尽瘁，死而后已"精神值得我们学习，但他类似"蝜蝂"的管理方式却不论在过去还是现代都是行不通的，说得不好听点，"蝜蝂"式的鞠躬尽瘁只能说明管理无方。现实中类似这种管理方式导致的悲剧是不少的。

故事一

美国著名杜邦公司的第三代继承人尤金·杜邦，就是一个活生生的"蝜蝂"典型。

尤金·杜邦在掌管杜邦公司之后，坚持实行一种"恺撒式"的经验管理模式，"一根针穿到底"，对大权采取绝对控制，公司的所有主要决策和许多细微决策都要由他独自制定，所有支票都得由他亲自开；所有契约也都得由他签订；他亲自拆信复函，一个人决定利润分配，亲自周游全国，监督公司的好几百家经销商；在每次会议上，总是他发问，别人回答……

尤金的绝对式管理，使杜邦公司组织结构完全失去弹性，很难适应变化，在强大的竞争面前，公司连遭致命的打击，濒临倒闭边缘。与此同时，尤金本人也陷入了公司错综复杂的矛盾之中。1920 年，尤金因体力透支去世。合伙者也均心力交瘁，两位副董事长和秘书兼财务长终于相继累死。

如果说诸葛亮的"鞠躬尽瘁"还赢得了后人的尊重，那么尤金·杜邦的"鞠躬尽瘁"却成为现代企业管理人员的笑柄。其实这二者并没有什么本质的区别，都把所有的权力紧紧揣在自己怀里；都事无巨细，亲自过问；都是忙碌的一生，战斗的一生；都为工作耗尽最后一点动力；都让自己的"企业"陷入困境。为什么他们为自己的"企业"奉献了所有的一切，给企业的却是一个凄惨的结局，关键就在于，他们作为最高领导人，却不懂得分权与放权，不懂得合作，不懂得团队精神，不懂得合作博弈，不懂得众人拾柴火焰高的道理。

现代企业，讲究所有权和经营权分离，一般来说，作为资产拥有者的股东，拿出自己的资财组建一个企业，就好像建造了一条轮船，股东只是给船配好各种设备，制定好前进的方向和大目标，至于具体的经营业务则是董事长和经理的事情。也就是说，在经营管理上，董事长和总经理应该是这条船上最重要的角色，这二者配合是否默契，能否形成合作性博弈，直接关系到企业能够顺利经营，甚至关系到企业的生死存亡。

在规模比较大、比较健全的企业，董事长和总经理是分开的。董事长直接向股东会负责，执行股东会的决议；决定公司的经营计划和投资方案。而总经理则向董事会负责，主持公司的生产经营管理工作，组织实施董事会决议；组织实施公司年度经营计划和投资方案。可以看出，股东是"置身事外"，不直接对公司的运营负责，而公司具体负责的应该是以董事长为核心的董事会和以总经理为核心的高级管理人员，如果说董事长是罗盘，制定发展战略，指出了公司的前进方向和目标，总经理则是计划的具体执行者。可见，董事长和总经理是一个企业的核心。在一些规模较小的公司，董事长和总经理经常合二为一，一身挑两重担。但在我们现实企业中，众多的企业股东既是老板、又是经营者。既是总经理又是股东，这种方式以民营企业居多。

不管企业的所有权和经营权怎么分的，我们可以看出，作为企业运行的直接负责人董事长、总经理的角色是十分重要的，他们是企业的罗盘和舵手。作为企业的高级管理人员，他们应该怎样引导自己的企业在商海中拼搏呢？动物世界的一些故事似乎能够给我们某些启示。

故事二

黄鼠狼特别喜欢吃麂子肉。它们在发现麂子后，为首的黄鼠狼总是先让一部分黄鼠狼进行追堵，自己则迅速爬上高处。由于为首的黄鼠狼站得高，望得远，加之麂子爱绕圈的特点，它总能很快摸索清麂子的奔跑路线。另外一部分黄鼠狼在"首领"的指挥下预先埋伏在麂子要经过的路上，一听到"首领"的叫声，就出来袭击……

由于分工明确，黄鼠狼追捕麂子的成功率特别高，常能如愿以偿，获得胜利。

从故事中我们可以看到，黄鼠狼之所以能够俘获猎物，关键在于"领导有方，分工明确"，作为最高领导者不事事躬身亲临，而是把握大局，对自己的"属下"实行专业分工，给予属员自由发挥的空间，群策群力，所以能够成功。

从黄鼠狼群体作战频频成功的事实可以看出，居高位者一定要给自己和属下准确的定位。现代管理者如果希望自己像黄鼠狼那样，以锐利的眼光、冷静的分析，预先看到能让企业顺利发展的一条坦途或血路，必须要首先弄清楚自己最该做什么。只有这要，管理者才能提高自己的办事效率；也只有放开那些本不需要自己操心的工作，企业管理者才能最大限度地调动员工的工作热情，改善整个企业的运转效能。具体来说，如果董事长和总经理有着分工，必须各司其职，各尽其责，罗盘要指明正确的方向，舵手要带动属下朝着既定目标前进，形成合作博弈；如果董事长和总经理合而为一，或者股东、总经理、经营者三合一，作为企业的最高经营者，一定不要做诸葛亮，也不要做尤金·杜邦，那种"负蝂"式的鞠躬尽瘁只能让自己和所在的企业走向绝路，而应该向黄鼠狼学习，制定战略，赋予属下权力，给属下一定的权限和自由发挥的空间。对于那种三合一的民营企业管理者来说，如果自己的确不太懂行，一定要找好自己的经理，制定可行的赏罚制度，放手让属下去做，自己做好股东或者董事的职位。

日本松下集团创始人松下幸之助曾经说过："管理者以身作则可以说非常重要，但光是这样还不够，如何把工作交给部下是相当重要的一件事。不久之后，部下必会善尽自己的职责，可代替上司的工作，能力甚至会超过上司。凡是拥有众多这类人的公司或集团，必定会有长足的进步。""水能载舟，也能覆舟"，管理者若一味将权力握在手心，形成权力垄断，而不会放权，组建管理集团，形成团队合力，那么，不仅会把自己弄得焦头烂额，更可怕的是，它还会扼杀整个集团的生命力，使自己所在的船彻底翻覆。

◉ 老板与经理的良性互动

在商业领域，老板自然希望少出钱，少操心，多多拿利润，而职业经理人则希望多拿年薪少干活。老板与经理人之间是一个博弈关系，那么两者如何博弈？也就是说，如何建立一个良好的老板与经理人合作机理对于企业来讲是必要的。

一般情况下，在研究老板与经理人的合作机理时，理论上比较偏重于关注如何保护老板的利益，但如果从我国的现实来看，却存在着经理人利益得不到保证的情况。对于一个处在市场经济发展初期的国家来说，相对于老板，经理人是弱势群体。由于这个群体还没有形成统一的社会机理，所以其集团利益是无法保证的。

由于市场机理是一种均衡机理，所以只有双方的利益达到均衡点，才能实现交易。因此，在一个经理人处于弱势的市场环境中，合作机理的取向应当偏重于经理人。

从以上的结论可以看出，老板与经理人博弈问题的核心，实际上是一种经济利益的规范，即老板与经理的权责分担和利益分配的规范。

在制定老板与经理人的利益分配规范时主要面临3个问题。

1. 合约的规则问题是所面临的第一个核心问题。由于交易容易产生纠纷，所以交易的双方要事先签订合约。合约是交易的法律基础。但是合同是对将来可能发生的事情的规定，它无法防止意外。因此在老板与经理人的交易中既要有合约，又不能完全依赖合约。交易的双方要有合作精神。但是在现实中，由于合同的不完善与合作精神的缺乏，经理人往往会吃亏。

比如说一个大型私营企业的老板，他和总经理之间有了矛盾，他对经理产生了不信任感。而合约中规定的是将总经理的业绩与收益挂钩，于是老板采取明升暗降的办法想使总经理达不到业绩而无法拿到报酬。总经理一怒之下愤然辞职并带走了企业的关键岗位员工。另一个企业登广告以年薪100万元聘请一个经理，但是试用期一满，就立即辞退了他。由这两个案例得出，经理人在签订合约时，不仅要规定合约的结果，还要规定执行的过程。只有通过合约建立一个公平、合理的机理，最终才会达到所要的目的。

2. 企业核心资源的垄断性与替代性是第二个核心问题。企业发展的关键是企业的核心资源，谁掌握了它，谁就把握了企业发展的命脉。经理人的普遍想法是努力做大自己的一块，使自己所掌握的部门成为企业的核心资源。这样就具有与老板谈判的能力，从而获得企业决策权。所以营销经理成为总经理以后，往往会加大对营销部门的投入，而研发部门的经理上台后，也会加强对研发部门的投入。老板要想消除经理人对企业核心资源的垄断，就必须寻找一个替代品。比如说在每个关键部门安插几个副手，以便降低经理人讨价还价的能力。

3. 短期与长期的问题是第三个核心问题。对于一个注重长期行为的企业来说，股权的激励是不重要的，更重要的是以人际关系为代表的非正式制度规则对个人的意义。例如，日本的企业人员一般是不流动的，一个经理离职后，不可能很快就去另一个公司做经理，经理人也轻易不会退出，因为成本是很高的。而且经理与工人之间的工资比是很低的。之所以有这种情况出现，是因为有着高额的退休金，这样短期行为就不容易发生，因为长期行为的收益是很大的，足以制约短期行为。而与此相反的是，在一个注重短期行为的企业中，更多正式的契约，更少非正式的规则。所以在美国企业中，经理人频繁的跳槽不但不会降低他们的身价，反而会被视为具有丰富经验的表现。因为美国更注重的是短期的契约。

从以上两种企业的对比来看，短期博弈的关键是合约，而长期博弈的关键是非合约的非正式制度规则。

◎ 分槽喂马的用人策略

战国野史记载：当时北方有两种马特别有名，一种是蒙古马，力大无穷，能负重千余斤；另一种是大宛马，驰骤如飞，一日千里。

邯郸有一商人家里同时豢养了一匹蒙古马和一匹大宛马，用蒙古马来运输货物，用大宛马来传递信息。两匹马圈在一个马厩里，在一个槽里吃料，但却经常因为争夺草料而相互踢咬，每每两败俱伤，要请兽医调治，使得主人不胜其烦。当时恰巧伯乐来到邯郸，商人于是请他来帮助解决这个难题。

伯乐来到马厩看了看，微微一笑，说了两个字：分槽。主人依计而行，从此轻松驾驭二马，生意越来越红火。能者要想才尽其用，不但要分而并之，还必须善用之。因为不同的贤才，各有其能，有的适合彼工作，有的适合此工作，把各种能力放在适合它们的环境里才能得以发挥。养可分，用必合方能各自协调，发挥合力。

去过庙里的人都知道，一进庙门，首先是弥勒佛，笑脸相迎，而在他的北面，则是黑口黑脸的韦陀。但相传在很久以前，他们并不在同一个庙里，而是分别掌管不同的庙。

弥勒佛热情快乐，所以来的人非常多，但他什么都不在乎，丢三落四，没有好好管理账务，所以依然入不敷出；而韦陀管账是一把好手，但成天阴着个脸，太过严肃，搞得人越来越少，最后香火断绝。

佛祖在查香火的时候发现了这个问题，就将他们俩放在同一个庙里，由弥勒佛负责公关，笑迎八方客，于是香火大旺；而韦陀铁面无私、锱铢必较，则让他负责财务，严格把关。在两人的分工合作下，庙里呈现出一派欣欣向荣的景象。

分槽喂马和佛祖派工说的都是一个问题，就是如何把最合适的人放到最合适的岗位上去。

而这个问题也是一个曾经长期困扰中国企业的难题，特别在同时崛起两个候选人的情况下。

法国著名企业家皮尔·卡丹曾经说："用人上一加一不等于二，搞不好等于零。"如果在用人中组合失当，常失整体优势；安排得宜，才成最佳配置。在这方面，柳传志以其洞明世事的眼光，成功运用"分槽喂马"的策略，不仅化解了这个难题，而且将企业的发展推向一个新的高度。

2001 年 3 月，联想集团宣布"联想电脑"、"神州数码"分拆进入资本市场，同年 6 月，神州数码在香港上市。分拆之后，联想电脑由杨元庆接过帅旗，继承自有品牌，主攻 PC、硬件生产销售；神州数码则由郭为领军，另创品牌，主营系统集成、代理产品分销、网络产品制造。

至此，联想接班人问题以喜剧方式尘埃落定，深孚众望的"双少帅"一个握有联想现在，一个开辟联想未来。

但是在实行"分槽喂马"的过程中，还有一个如何进行搭配，使每个人才相得益彰而不是相互妨碍的问题。这就需要管理者对他们的"千里马"有深刻的洞察力，最好使他们彼此所负责的事务具有互补性。

◎ 绩效考核怎样才公正

在一个团队中，有的人能力突出而且工作积极努力，相反，有的人工作消极或者因能力差即使尽力了也未能把工作效率提高，这便在无形中建立起了"智猪博弈"的模型。一方面，大猪在为团队的总体绩效也包括自己的个体利益来回奔波拼命工作；另一方面，小猪守株待兔、坐享其成。长此以往，大猪的积极性必定会慢慢消退，逐渐被同化成"小猪"。届时，团队业务处于瘫痪状态，受害的不仅是其单个团队，而且会伤及整个公司的总体利益。

那么，如何使用好绩效考核这把钥匙，恰当地避免考核误区，既能做到按绩分配，又能做到奖罚分明？从"智猪博弈"中可以得到以下几种改善方案。

方案一：减量。仅投原来的一半分量的食物，就会出现小猪、大猪都不去踩踏板的结果。因为小猪去踩，大猪将会把食物吃完；同样，大猪去踩，小猪也将会把食物吃完。谁去踩踏板，就意味着替对方贡献食物，所以谁也不会有踩踏板的动力。其效果就相当于对整个团队不采取任何考核措施，因此，团队成员也不会有工作的动力。

方案二：增量。投比原来多一倍的食物。就会出现小猪、大猪谁想吃，谁就会去踩踏板的结果。因为无论哪一方去踩，对方都不会把食物吃完。小猪和大猪相当于生活在物质相对丰富的高福利社会里，所以竞争意识不会很强。就像在营销团队建设中，每个人无论工作努力与否都有很好的报酬，故大家都没有竞争意识了，而且这个规则的成本相当高，因此也不会有一个好效果。

方案三：移位。如果投食口移到踏板附近，那么就会有小猪和大猪都拼命地抢着踩踏板的结果。等待者不得食，而多劳者多得。每次踩踏板的收获刚好消费完。相对来说，这是一个最佳方案，成本不高，但能得到最大的收获。

当然，这种考核方法也存在它的缺陷，但没有哪一种考核方法能让所有人都觉得公平。

在绩效考核运作中，实际是对员工考核时期内工作内容及绩效的衡量与测度，即博弈方为参与考核的决策方；博弈对象为员工的工作绩效；博弈方收益为考核结果的实施效果，如薪酬调整、培训调整等。

由于考核方与被考核方都希望自己的决策收益最大化，因此双方最终选择合作决策。对于每个企业来说，这将有利于员工、主管及公司的发展。

考核与被考核存在着一种博弈关系，无论对于哪一方来说，建立一个合理的、公平的考核制度都是非常重要的，尤其是分工制度，可以避免出现评估中的"智猪模型"，提高员工的工作积极性，把企业做大、做强。

◎ 企业要有好的机制

兵法上有一句说得好："用赏贵信，用刑贵正。"这里的用赏贵信也就是激励机制，用刑贵正，也就是惩罚机制。但现在我国大多数企业对员工的管理激励与约束机制还没有很好地建立起来。如在一些企业中，不仅缺乏有效的培养人才、利用人才、吸引人才的机制，还缺乏合理的劳动用工制度、工资制度、福利制度和对员工有效的管理激励与约束措施。

当企业发展顺利时，首先考虑的是资金投入、技术引进；当企业发展不顺利时，首先考虑的则是裁员和员工下岗，而不是想着如何开发市场以及激励员工去创新产品、改进质量与服务。那么企业应该如何制定一个员工激励制度，从而有效地驱动员工工作呢？其实这就是一个博弈的运用。

比如说有一家游戏软件企业的老总，打算开发一种叫作"仙剑奇缘"的新网络游戏。如果开发成功，根据市场部的预测可以得到 2000 万人民币的销售收入。如果开发失败，那就是血本无归。而新网络游戏是否会成功，关键在于技术研发部员工是否全力以赴、殚精竭虑来做这项开发工作。如果研发部员工完全投入工作，有 80% 的可能，这款游戏的市场价值将达到市场部所预测的程度；如果研发部员工只是敷衍了事，那么游戏成功的可能性只有 60%。

如果研发部全体员工在这个项目上所获得的报酬只有 500 万元，那么这款游戏对于员工的激励不够，他们就会得过且过、敷衍了事。要想让这些员工付出高质量的工作，老板就必须给所有员工 700 万元的酬金。

如果老板仅付 500 万总酬金，那么市场销售的期望值就有 2000 万 $\times 60\% = 1200$ 万元，再减去 500 万的固定酬金，老板的期望利润有 700 万元。如果老板肯出 700 万的总酬金，则市场销售的期望值有 2000 万 $\times 80\% = 1600$ 万元，再减去总酬金 700 万，老板最终的期望利润有 900 万元。

然而困难在于，老板很难从表面了解到研发部的员工在进行工作时到是否恪尽职守、兢兢业业。即使给了全体员工 700 万的高酬金，研发部员工也未必就尽心尽力地完成这款游戏。

比较好的方法是若游戏市场反应良好，员工报酬提高，若是不佳，则员工报酬缩减。"禄重则义士轻死"，如果市场部目标达到，则付给全体研发人员 900 万元，若是失败，则让全体研发员工付给企业 100 万元的罚金。这种情况下，员工酬金的期望值是 900 万 $\times 80\% - 100$ 万 $\times 20\% = 700$ 万元，其中 900 万元是成功的酬金，成功的概率为 80%，100 万元则是不成功的罚金，不成功的概率为 20%。在理论上，采用这样的激励方法会大大提高员工工作的积极性。

从某种意义上来说，这种激励方法相当于赠送一半的股份给企业研发部员工，同时员工也承担游戏软件市场失败的风险。然而这种方法在实际中并不可行，因为不可能有任何一家企业能够通过罚金的方式来让员工承担市场失败的风险。可行的方法就是，尽量让企业奖惩制度接近于这种理想状态。更加有效的方法，就是在本质上等同于奖励罚金制度的员工持股计划。我们可以将股份中的一半赠送给或者销售给研发部的全体员工，结果仍然和罚金制度是相同的。

从这个例子中可以看到，员工工作努力与否与良好的激励机制密切相关。然而我们现实中的很多公司却不明白这个道理。比如很多公司的奖惩制度上写着："所有员工应按时上班，迟到一次扣 10 元，若迟到 30 分钟以上，则按旷工处理扣 50 元。"国外有弹性工作制，即不强求准时，但是每天都必须有效地完成当天的工作。笔者认为，即使有人迟到、早退、被扣除工资，但是在实际工作中很有可能并不是努力工作，其因扣除工资而产生的逆反心理导致的隐性罢工成本反而有可能高于所扣除的工资。从表面上看，老板似乎赚得了所扣工资的钱，实际上却是损失更多。可见，这并不是一个有效的奖罚激励制度。

再比如有的公司规章条例写着："公司所有员工应具有主人翁意识，应大胆向公司领导提出合理化的建议，可以直接提出也可以以书面形式提出，若被采纳后奖励50元。"试问，不同的合理化建议对公司所创造的效益是不同的，假设一个人所提建议可以提高效益5万元，另一个人所提建议则只能提高效益500元，都用50元的奖金来进行物质激励，其条例本身明显就不是合理化的制度。

雨果曾说过："世界上先有了法律，然后有坏人。"制度是给人执行的，也是给人破坏的。有时，制度成为不能办事的借口。刚开始，制度是宽松的，后来设的篱笆越来越多。有很多规则是潜规则，不需要说明。比如，买菜刀时，不需要说明不能让刀刃对着人。有些规则不规定不行，比如开会，不规定准时就肯定永远有人迟到。

制度还有一个给人破坏的特征。比如，按制度你只能住400元的房间，老板说，我破例给你住600元的，员工觉得老板违反制度对我特别好，而这样员工就会在工作上付出更多的努力。

总而言之，一个良好的奖惩制度首先要选择好对象，其次要能够建立在员工相对表现基础之上的回报，简单地说，就是实际的业绩越好，奖励越高。只有有一个合适的奖罚分明的制度才能够对员工创造出合适的激励。

管理者需要建立预期

如果把博弈论应用于企业管理当中，那么作为企业的"领头羊"，领导者应该注意些什么呢？管理学家孔兹对领导的界定是："领导可定义为影响力。它是影响他人，并使他们愿意为达到群体目标而努力的一种艺术或方法。这种观念可以扩大到不仅是使他们愿意工作，同时也愿意热诚而自信地工作。"

其中最关键的理念是"影响他人使他们愿意为达到群体目标而努力"。这就需要一定的管理艺术，其中最重要的一条就是在企业内部"建立预期"。

管理者应该能够帮助员工建立对未来的预期。对未来的预期，是影响员工行为的重要因素。预期分为预期收益和风险，也就是员工这样做将来会有什么好处，同时这样做又可能面临的问题。这些将影响员工个人的策略，如员工是否会将精力真正投入到企业的成长中。

来看这样一个有趣的故事。

一只绰号叫"天下无敌"的猫把老鼠打得溃不成军，最后老鼠几乎销声匿迹。残存下来的几只老鼠躲在洞里不敢出来，几乎快要饿死。"天下无敌"在这帮悲惨的老鼠看来，根本不是猫，而是一个恶魔。但是这位猫先生有个爱好：喜欢向异性献殷勤。

有一天，这只猫爬得又高又远去寻找相好。就在它向相好大献殷勤时，那些幸存的老鼠来到了一个角落里，就当前的迫切问题召开了一个紧急会议。

一只十分小心谨慎的老鼠担任会议主席，一开始它就建议必须尽快在这只猫的脖子上系上一只铃铛。这样，当这只猫进攻时，铃声一响，大伙儿就可以逃到地下躲藏起来。会议主席只有这么一个主意，大伙儿也就同意了它的建议，因为它们都觉得再没有比这个更好的建议。

但问题是怎样把铃铛系上去。没有哪只老鼠愿意去拴这个铃铛。到了最后，大伙儿就散了，什么也没做成。看来，给猫系上铃铛无疑是一个绝妙的主意，但对于一群已经被吓破胆的老鼠来说，这个主意只是无法实施的美好梦想而已。

在企业中，也是同样的道理。

对于一个管理者来说，应该本着务实的精神，制订切实可行的计划，让他的团队有一个可以实现的目标，而不是做出一个不可能实现的决定，同时管理者要对这个目标做出承诺。在承诺的同时，上下级之间要能够相互沟通，建立一个交流网络来寻求共同的价值观与信念。

许多公司现在也开始在一些社会议题上彼此互相合作，同时也通过一些公有与私有合伙关系的重组，以及制作各种保护环境、改善教育水准、发展提升医疗保健等计划来回馈社会。在这里，就有许多机会，可以吸引各行各业以及各层面的优秀分子的注意。

通过领导者自己与下属之间的"互动过程"，有效地协调子系统之间的竞争与合作关系，不仅树立了领导权威，还促进了系统的有序化。现代领导的本质正在于此。显然，这种领导权威不是领导者个人素质的单独结果，而是领导者与下属双方相互作用的结果。

在中国企业发展的进程中，管理者更应该从博弈论中学习到发挥更大作用的方法与技巧。当然，由于职业化管理的条件不成熟，领导者唯我独尊的传统管理还将持续相当长的时间。

◎ 生日蛋糕与企业文化

企业文化也是改革开放后国内企业才认识到的，虽然中国企业文化的引进与大规模的传播已经远远超过 10 年，但众多国内企业现在创建和实施的那一套所谓的"企业文化"，无异于西方企业文化的生搬硬套。就以所谓的"人文关怀"为例，西方为了表现对员工的关心，想尽各种方法，其中一项就是在每个员工生日的时候，送上一份精美的蛋糕，这一"制度"被中国众多企业"搬"过来，有些却弄得不伦不类，不仅没有起到应有的凝聚力，反而险些让公司上下离心离德。

故事一

王琳琳是某国企总经理秘书，几年前，公司开始赶时髦，关注起员工福利来。那时，每逢员工过生日，公司总会给员工送上一个蛋糕。可是，天下没有一模一样的鸡蛋，也没有摆得平全公司的蛋糕。有时经理收到的是购于大酒店的大蛋糕，基层员工却是小作坊的小蛋糕。不知不觉，公司里开始有了莫名的攀比风，蛋糕的大小决定了员工在公司的地位，员工心理不平衡了。再后来，公司发现"问题"，干脆改发蛋糕票，每位员工都可去同一家蛋糕店领取同等大小的生日蛋糕。这样一来虽然公平了，但是大家都对蛋糕没了兴趣：这年头，谁还稀罕一个蛋糕？

这是一个典型的生搬硬套"生日蛋糕"来培养"企业文化"失败的例子。为什么企业费力不讨好，简直像是搬石头砸自己的脚呢？关键在于没有理解生日蛋糕的真正内涵。

我们说，蛋糕在西方并不是稀罕物品，但生日时候吃蛋糕却是西方的一种习俗。作为成年人，又参加了工作，可能已经把自己的生日忘得干干净净，即便是自己和家人还能够记得这个特定的节日，想抽空庆贺一下，但往往又是有钱却没有时间。在这种情况下，公司在员工特定的日子扮演起员工家人的角色，在员工生日的时候，由有一定地位的上级，甚至是老总，带领员工的直接上司，在意想不到的时间出现在员工文案前，亲自替员工点上蜡烛，说上赞美和祝福的话语，然后让周围的职员一起唱上祝福歌曲，分享蛋糕。这种蛋糕文化，关键在于"情感"，通过情感的交流，以心换心，以情换情，上级从内心感谢员工对公司的无私奉献，尊重员工的劳动，尊重员工对公司的选择，借助生日蛋糕来拉近上级与下级心灵上的距离，取得共识，从而提高员工对公司的忠诚度，增强企业的凝聚力和战斗力。在这种企业文化下，生日蛋糕是个媒介，上级的躬身亲临，发自内心的祝福、赞美和肯定才是最重要的内涵。

从博弈的角度来说，员工和以领导为代表的公司本身就是一种既有合作又有斗争的变和博弈，它随时存在向合作性博弈和零和博弈转化的可能。由于工作上的一些原因，员工总会对上级、对公司产生一些意见和看法，这些意见和看法根据员工各自的情况，轻重不一，但如果积累到一定"量"而得不到释放，就很可能让员工把对公司的意见转变成怨恨，原来的变和博弈就成为零和博弈，员工在挖公司墙角而公司浑然不觉。而通过蛋糕文化，使有意见的员工找到一个释放内心怨气的口子，可以避免部分员工走向极端，避免零和博弈的出现；也可以使平时不怎么受领导器重的员工也会找回一些自信，尽其能力为公司服务；至于受领导青睐的员工，这种蛋糕文化对他们的激励作用就更不用说了。

但在故事一中，我们可以看到，西方蛋糕文化的精粹，我们的公司没有学到。首先，没有公司领导诚心祝愿，没有对员工发自内心的感谢，仅仅送上一个蛋糕，使媒介成为一个孤单单的媒介，并没有把博弈双方的距离拉近；其次，对所有成员的蛋糕不是一视同仁，而是依据"身份"而定，反而使员工产生"上下有别"，加重不平等的心理，但这至少还可能拉拢一批得到大蛋糕的人，打击了一批得到小蛋糕的人，收支两抵，可能还没有很大的问题；等到再把实物——蛋糕变成蛋糕票的时候，蛋糕文化则彻底消失，蛋糕成为公司赠送给每个员工的廉价福利，这时候所有员工都会或多或少产生这种想法：公司真小气，每人送个蛋糕，这东西油脂多，既伤身体又不值钱。由此，所有人都可能对公司的蛋糕产生鄙夷和蔑视的心理，蛋糕反而成为领导和员工拉近彼此距离的障碍，这场博弈以公司的彻底失败而告终。

同样是利用蛋糕来构建企业文化，马莉也在一家中外合资企业工作，上层领导既有中方经理又有外方经理，公司又是怎样利用"生日蛋糕"来构建企业文化的呢？

故事二

马莉所在的公司，每逢员工生日，公司就给员工的父母家送上蛋糕，并由老板亲自写上生日祝福！按照谙识中外文化差异的高参的说法，这种方法，可以让员工感受到公司的文化氛围，并激励员工更好地为公司服务。另外，对于父母来说，收到子女公司送来的蛋糕和老板亲自写的生日祝福，就等于得到了公司的认可：你有一位值得骄傲的儿子、女儿！

在几家外资转战过的马莉嗤之以鼻，认为多此一举。这年，马莉生日那天还在公司加班，母亲却打来电话，电话那头，听到母亲激动的声音："你们老板给我们送来了生日蛋糕，我们等你回来一起吹蜡烛……"

记得那天下班回家，马莉和父母一起吹蜡烛的时候，大家眼里都泛起了泪光。蛋糕可能并不值钱，但全家都被感动了，至少，公司给了员工与父母一同吹蜡烛、增进感情的机会。

在马莉所在的公司，老板和他的高参对蛋糕文化的认识显然与故事一中的老板有天壤之别。作为中外合资公司的老板，他引进了蛋糕文化，但又有所变通。老板对中国的传统文化和现在的家庭现状显然有充分的了解。中国自西周开始就形成了一种以父亲为中心的"父慈、171 子孝、兄友、弟恭、夫和、妻柔"的家庭文化，经过儒家的渲染，家庭文化的核心演变成"和"，讲究和睦相处，讲究一团和气，讲究和谐美满。但这种"和谐"文化从近代开始出现裂缝，在现代商品经济浪潮的冲击下，众多的中国人都自觉不自觉地投入到与钱的博弈中去。中国人内心深处有着强烈的"恋家"情节，传统的观念还在众多的国人心中根深蒂固，同时，由于各种因素的影响，众多的家庭有一起聚聚的渴望却很难找到机会。于是，故事二中的公司把领导与员工心灵沟通的机会转变成公司与员工整个家庭的沟通。通过给员工家庭送蛋糕，既让父母觉得子女在公司地位重要，拉近了公司与父母的距离；又通过给员工与父母沟通的机会，让普通家庭得到一次渴望已久的聚会，增强家庭和谐，增加整个家庭对公司的认同。

从公司这一策略来看，是把西方的蛋糕文化与中国的传统文化较好地融合起来，可谓一石三鸟，既给员工创造团聚的机会，又拉近员工整个家庭与公司的距离，还扩大了公司的影响，发展了潜在的客户。其博弈原理是以最小的成本获得了最大的利益，这种利益不仅是物质的，而且更大的是精神的；不仅是短期的，而且更大的是长远的。其方法之独特，思路之精细，不能不让人叹为观止。

现代企业文化建设，已经成为人力、物力、财力、信息之后的第五种资源，广泛受到企业家的重视和青睐。随着市场经济的深入发展，企业文化建设在企业中的地位和作用越来越突出，并深深熔铸在企业的生命力、创造力和凝聚力之中，企业文化的竞争已成为企业核心竞争力的主要内容。真正的企业文化，应该是以人为本的文化，应该是以企业管理哲学和企业精神为核心，凝聚企业员工归属感、积极性和创造性的人本管理理论，同时又受社会文化的影响和制约，以企业规章制度和物质现象为载体的一种经济文化。企业文化不仅吸收了民族文化的优良传统，凝结了社会文明的丰硕成果，同时也标志着社会文化在企业中的发展和延伸。优秀的企业文化，应该是员工、企业和社会多方共赢的文化。

当前，中国企业文化最大的缺陷就在于学习西方企业文化的同时，如何与中国传统文化相结合，创造符合中国国情，能够真正体现关心人、爱护人、激励人的中国企业文化。平心而论，西方企业的发展水平中国大多数企业望尘莫及，学习、借鉴和吸收西方先进的管理经验和文化制度并为我所用，正是中国传统的"他山之石，可以攻玉"思想的鲜明反映。但是学习、借鉴、转化不等于照抄、照搬和一厢情愿地"改进"，而是要反复研讨中国自己的历史和现实，毕竟中西有着完全不同的历史文化环境，脱离不同国家在经济、政治和文化等方面差异，对西方国家的管理方式与经验生搬硬套、简单模仿，结果都不可避免地遇到程度或轻或重的"水土不服"。所以，从中国的"生日蛋糕"看中国的企业文化建设任重而道远。

● 企业与员工的共赢之道

现今，许多员工对企业的"人身依附"心理已经大大减弱。在联想公司，许多员工喊出的"公司不是我的家"，已经深入人心，为广大的打工一族所普遍接受。付出就要求回报，并不过分。而从公司的角度出发，付出薪酬的前提，是要求员工为公司做出相应的贡献。在公司和员工既"相互依赖"又"相互争斗"的博弈中，最直接的表现形式就是薪酬。

其实，薪酬是员工与企业之间博弈的对象，这一博弈的过程与"囚徒困境"很相似。由于员工和企业很难有真正的相互认同，双方始终在考察对方而后决定自己的行为。员工考虑：拿这样的薪酬，是否值得付出额外的努力？企业又不是自己的，老板会了解、认同自己的努力吗？公司会用回报来承认自己的努力付出吗？公司方面考虑：员工的能力，是否能胜任现在的工作？给员工的薪酬待遇，是否物有所值？员工会否对公司保持持续的忠诚？

有一个这样的管理故事。一个企业经营者某次跟朋友闲聊时抱怨说，"我的秘书李丽来两个月了，什么活都不干，还整天跟我抱怨工资太低，吵着要走，烦死人了。我得给她点颜色瞧瞧。"朋友说："那就如她所愿——炒了她呗！"企业经营者说："好，那我明天就让她走。""不！"朋友说："那太便宜她了，应该明天就给她涨工资，翻倍，过一个月之后再炒了她。"企业经营者问："既然要她走，为什么还要多给她一个月的薪水，而且是双倍的薪水？"朋友解释说："如果现在让她走，她只不过是失去了一份普通的工作，她马上可以在就业市场上再找一份同样薪水的工作。一个月之后让她走，她丢掉的可是一份她这辈子也找不到的高薪工作。你不是想报复她吗？那就先给她加薪吧。"

一个月之后，该企业经营者开始欣赏李丽的工作，尽管她拿了双倍的工资。但她的工作态度和工作效果和一个月之前已是天壤之别。这个经营者并没有像当初说的那样炒掉她，而是重用她。

从这个企业经营者角度看，他可以说是运用博弈的理论，通过增加薪酬使员工发挥出实力。如果当初他就把李丽炒掉，这势必给双方都带来一定的不利影响，而经过这样的博弈，双方都实现了共赢。

但如果从公司的管理角度看，这个故事说明了一个现象：许多员工在工作中，经常不断地在衡量自己的得失，如果认为企业能够提供满足或超过他个人付出的收益，他才会安心、努力地工作，充分发挥个人的主观能动性，把自己当作企业的主人。但是，老板很难判断、衡量一个人是否有能力完成工作，是否能够在得到高薪酬后，实现老板期待的工作成绩。老板经常会面临决策的风险。

由于员工和企业都无法完全地信任对方，因此就出现了"囚徒困境"一样的博弈过程。企业只有制定一个合理、完善、相对科学的管理机制，使员工能够获取应得报酬，或让员工相信他能够获得应得报酬，这样员工就能心甘情愿地努力工作，从而实现企业和员工的双赢结局。

在博弈的过程中，员工在衡量个人的收益与付出是否相符合时，会有3个衡量标准：个人公平、内部公平和外部公平。

所谓的个人公平就是员工个人对自己能力发挥和对公司所作贡献的评价。是否满足于自己的收入标准，取决于自己对个人能力的评价。如果他认为自己是高级工程师的水平，承担着高级工程师的工作任务和责任，而公司给予的却是普通工程师的薪酬待遇，员工自然就会产生怨气，就会出现两种结果：或是消极怠工，或是选择离开。

企业要想保证个人公平，最重要的就是量才而用，并为有才能者创造脱颖而出的机会。一味地说教强调奉献不但无济于事，更是对员工的欺骗和不尊重。海尔的人才观是"赛马不相马"，说的并不是不需要量才而用，而是不以领导对个人的评价作为竞争评价标准，以一套公正透明的人才选拔机制，用个人在工作中的实际绩效作为评价机制和评价标准。要保证个人公平，还应该事先说明规则，保证让双方明白相互间的权利和义务。

员工相互之间的比较衡量就是所谓的内部公平。对于企业的分工来说，个人无法完成工作的整个工序，而是需要团队间的相互协调、配合完成。很难判断一个员工对企业做出的贡献，也很难在岗位相近的员工之间，进行横向比较。而过多人工干预、领导主观对员工的评价，进而反应在薪酬待遇上，常起不到激励员工的积极作用，而多是消极作用。公司只有统一薪酬体系、科学的岗位评价和公正的考核体系，才能保障内部公平。

外部公平主要是员工个人的收入相对于劳动力市场的水平。科学管理之父泰勒对此有深刻的认识，他认为，企业必须在能够招到适合岗位要求的员工的薪酬水平上增加一份激励薪酬，以保证这份工作是该员工所能找到的最好工作，这样，一旦员工失去这份工作，便将很难在社会上找到相似收入的工作。因此，一旦员工失去工作，就承担了很大的机会成本。只有这样，员工才会珍惜这份工作，努力完成工作要求。

很多公司在招聘人才时，都强调公司实行的是同行业有竞争力的薪酬标准。什么叫有竞争力的薪酬待遇？就是同业之间的薪酬比较。比如说，一个软件架构设计师，在外企的薪酬是每月3万元人民币，而同一行业、同一类产品的国内公司，要想聘请到同档次的软件架构师，你的薪酬水平就不能低于外企的薪酬水平。

以上三方面也是员工对企业不满的主要原因，其中薪酬设计的关键因素是内部公平与外部公平，个人公平虽然难以从外部表现来衡量，但对于员工积极性的影响也是实实在在的，企业需要通过与员工的沟通，缩小双方的认识差距，让员工认识到自己劳动的价值，市场上的真正价值，珍惜自己的工作岗位，满意企业给予自己的待遇。只有双方实现互信，才能保障共赢。

在员工与企业的博弈中，员工要满足于企业给予的薪酬水平，企业也要对优秀的员工给以薪酬上的回报。这样，双方的博弈就能达到阶段性的力量均衡，从而实现共赢。

职场生存要懂博弈论：

有竞争，也有双赢

篓子里的"螃蟹"和大海里的"游鱼"

在竞争激烈的职场中，不进则退是一个亘古不变的道理。然而，有关部门研究发现，有 70% 以上的职业人随着职业经验的积累，反而会出现职业方向迷失的状况。而他们的职业困惑主要是他们对自己的优劣势仅有初步的感性认识，对自己的职业定位缺乏科学的分析，更谈不上理性把握职业生涯的发展规律。

毕业于某大学英语专业的罗强，在国内某高校涉外部门工作，他希望能在教育交流领域创出一番自己的事业。因此，在正常的工作以外，罗强在业余时间又自学了市场营销和电子商务等课程，并主动承担起部门网站的组建和国际交流活动策划等工作，成功组织了各项活动，网站质量也受到上司的好评。几年后，因为部门管理的混乱，而且他自己也感觉如此干下去毫无前途可言，于是跳到一家国际教育发展投资公司做市场调研员，开始时每天都要跑业务。罗强只用了一年多的时间就成为公司的业绩标兵，升职做了主管。后来罗强被安排到市场部，担任市场部经理助理，在这个阶段，他开始全面接触市场工作，工作激情和绩效非常高。在助理的位子上，罗强充分发挥出自己的特长，特别在市场策划方面显示出了过人的能力。

就这样日复一日，年复一年，转眼间 3 年就过去了，下一阶段的发展问题摆在了罗强的面前：他感觉自己对目前从事的媒体、公关和广告管理三大部分都很感兴趣，可是不知道以后应该朝哪个方向持续发展，而且哪个方向他都感觉自己不具有足够的竞争力。一些朋友劝他知足常乐，他不甘心，也有一些朋友劝他踏实工作，不要老想"跳槽"，他有些犹豫。这次，他真的感到自己迷失了未来发展的方向。

或许钓过螃蟹的人知道，篓子中放了一群螃蟹，不必盖上盖子，螃蟹是爬不出去的。其实，这正是运用了博弈理论。为什么呢？因为只要有一只想往上爬，其他螃蟹便会纷纷攀附在它的身上，结果是把它拉下来。到了最后，就没有一只螃蟹可以爬得出去了。

罗强所处的环境就有一些这样的人，他们不喜欢看到别人的成就与杰出表现，更怕别人超越自己，因而天天想尽办法破坏与打压他人。如果一个组织受这样的人影响，久而久之，公司里就只剩下一群互相牵制、毫无生产力的"螃蟹"。

职场中，罗强吸取了螃蟹的教训，以不懈的努力和敢于面对困难的毅力，不听朋友劝告，固执己见。找到了自己合适的工作，可谓是他奋斗的结晶。但是人在职场，安于现状，不进则退。罗强过去的成功和现在面临的职业选择，值得每个人去深思。

在市场经济体制下，组织发展和变革的顺利进行离不开一个强有力的组织文化环境。作为在这个环境下成长的职场人员，应理性选择职业，做到高瞻远瞩，善于将自己的理想与组织目标保持一致，不要甘心当篓子里的螃蟹，而应勇敢地面对现实，追求职业增值，像老鹰一样去搏击长空。这就像博弈一样，需要不间断地博弈才会成为最后的胜利者。

◎ 办公室中的"智猪博弈"

"智猪博弈"这一经典案例早已扩展到生活中的各个方面。在当今的职场中，经常会有类似情况发生。在办公室里的人际冲突中，有一些人会成为不劳而获的"小猪"，而另一些人充当了费力不讨好的"大猪"。

因此，办公室里就会出现这样的场景：有人做"小猪"，舒舒服服地躲起来偷懒；有人做"大猪"，疲于奔命，吃力不讨好。但不管怎么样，"小猪"笃定一件事：大家是一个团队，就是有责罚，也是落在团队身上，所以总会有"大猪"悲壮地跳出来完成任务。

张力可以说是智猪博弈中的"大猪"。每当张力下班回家后，做的第一件事就是打电话，他每次打电话都是向周围的好朋友大吐苦水，"我要疯掉了！把所有的工作让我一个人来做，难道把我当成机器人了？"

张力在一家公司的核心部门工作，每天都是这项工作还没做完，就有另外几项工作等着他去做，整天没有一个喘气的机会。虽然公司规模很小，但是作为公司的一个重要部门，却只有 3 个人。而且这 3 个人还分了 3 个等级：部门经理、经理助理、普通干事。很不幸，而张力正好是那个经理助理，处于中间的一个级别。

张力总是抱怨说："经理的任务就是发号施令，他是'管理层'嘛！上面交给他的工作，他一句话就打发掉了：'张力，把这件事办一办！'可是我接到活之后，却不能对下属阿冰也潇洒地来一句：'你去办一办！'一来，阿冰比我年长，又是经理的'老兵'；二来，他学历低，能力有限，怎么放心把事情交给他？"张力只能无奈地叹息，然后把自己当3个人用，加班加点完成上级的任务。

更让他想不到的是，由于事事都是他出面，其他部门的同事渐渐认准了：只要找发展部办事，就找张力！甚至老总都不再向经理派任务了，往往直接就把文件扔到张力的桌子上。张力的办公桌上的文件越堆越高自不必说，而且，连阿冰都敢给他派活了。这天，阿冰把一叠发票放在他面前说："你帮我去财务报一下。"张力顿时被噎得说不出话来，过了半晌方问："你自己为什么不去？"阿冰嗫嚅了一下答："我和财务不熟，你去比较好！"尽管心中怒火万丈，但碍于同事情面，张力最终还是走了这一趟。

因此，就形成这样的局面：一上班，张力就像陀螺一样转个不停；经理则躲在自己的办公室里打电话，美其名曰"联系客户"；而阿冰呢？玩纸牌游戏，顺便上网跟老婆谈情说爱，好不逍遥。到了年终，由于部门业绩出色，上级奖励了4万元，经理独得2万元，张力和阿冰各得1万元。想想自己辛劳整年，却和不劳而获的人所得一样，张力禁不住满心不平，但是自己又能怎么做呢？如果他也不做事了，不仅连这1万元也得不到，说不定还会下岗，想来想去，还是继续当"大猪"吧！

刘力在一家国企工作，他是个"聪明"人，他是这样为自己下的断语。"从大学开始，我就不是最引人注目的学生。在学生会里，我从不出风头，只是帮最能干的同学做些辅助性的工作。如果工作搞得好，受表扬少不了我；但是工作搞砸了，对不起，跟我一点关系也没有。"

刘力已经工作3年了，照样奉行着这样的处世哲学。"我就纳闷，怎么会有那么多人下了班嚷嚷着自己累？要是又累又没有加薪、升职，那只能说明自己笨！我从小职员当上经理，一直轻轻松松的，反正硬骨头自有人啃。"

有一个朋友问他："你这样，同事不会有意见吗？"

刘力眨眨眼睛，一脸神秘地说："这就是秘诀了！你怎么能保证总有人肯拉你一把？第一，平时要善于感情投资，跟同事搞好关系，让他们觉得跟你是哥们儿，关键时刻出于义气帮助你；第二，立场要坚定，坚决不做事，什么事都让别人做。有些人就是爱表现，那就给他们表现的机会，反正出了事，先死的是他们。万一碰上也不爱表现的人，对我看不惯，我会告诉他，我不是不想做，我是做不来呀！你想开掉我？对不起，我的朋友多，他们都会为我说话。"

在职场中，刘力就是那种所谓的"小猪"，做什么事喜欢投机取巧，但这也并不是一种长远的办法。

做"大猪"，还是"小猪"？

看来看去，做"大猪"固然辛苦，但"小猪"也并不轻松啊！虽然工作可以偷懒，但私下里，要花费更多的精力去编织、维护关系网，否则在公司的地位便会岌岌可危。张力为什么忍气吞声？不就是因为阿冰是经理的老部下嘛。刘力又为什么有恃无恐？无非是有人为他撑腰。难怪说做"小猪"的都是聪明人，不聪明怎么能左右逢源？

的确，"大猪"加班，"小猪"拿加班费，这种情况在企业里比比皆是。因为我们什么都缺，就是不缺人，所以每次不论多大的事情，加班的人总是越多越好。本来一个人就可以做完的事，总是会安排两个甚至更多的人做。"3个和尚"的现象这时就出现了。如果大家都耗在那里，谁也不动，结果是工作完不成，挨老板骂。这些常年在一起工作多年的战友们，对对方的行事规则都了如指掌。"大猪"知道"小猪"一直是过着不劳而获的生活，而"小猪"也知道"大猪"总是碍于面子或责任心使然，不会坐而待之。因此，其结果就是总会有一些"大猪"们过意不去，主动去完成任务。而"小猪"们则在一边逍遥自在，反正任务完成后，奖金一样拿。

但这种聪明并不值得提倡。工作说到底还是凭本事、靠实力的，靠人缘、关系也许能风光一时，但也是脆弱的，经不住推敲的。"小猪"什么力都不出反而被提升了，看似混得很好，其实心里也会发虚：万一哪天露了馅……如果从事的不是团队合作性质的工作，而是侧重独立工作的职业，那又该怎么办？还能心安理得地当"小猪"吗？

在职场中，"大猪"付出了很多，却没有得到应有回报；做小猪虽然可以投机取巧，但这并不是一种长远的计策。因此，身在竞争激烈的职场中，一个最理想的做法就是，既要做"大猪"，也要会做"小猪"。

◉ 职场中的多人博弈原则

人一生当中，除去家人，和同事间相处的时间是最多的。所以，怎样改善同事间的交际关系，怎样促进交际融洽、和谐，便成为我们不得不学的东西了。

自古以来，就有"祸从口出"的说法，同事之间，如果彼此信得过、合得来，就可以多谈一些，谈深一些，但也不能信口雌黄。如果是关系较疏远的同事，在交谈中你就要谨慎一些。因为同事间，确实存在着一些小人，一旦你口无遮拦地什么都说，就有可能被人利用而深受其害。所以，最好是"逢人只讲三分话，不可全抛一片心"。一定要记住，不要在人前随意议论他人的长短以及兜售自己的某些隐私或亮出自己的某些底线。这样，就不会因口无遮拦而吃亏上当。在职场中的多人博弈时必务要小心，因为随时会有不可预期的情况发生，但在职场多人博弈里，信息是至上的优势，可是太多时候信息却是不对称的，我们一方面先要伺机挖掘信息，另一方面要做到对上司的忠诚，通俗地说就是既要忠诚，还要做事有主见。

1. 忠诚原则

你可以能力有限，你可以处事不够圆滑，你可以有些诸如丢三落四的小毛病，但你绝对不可以不忠诚。忠诚是上司对员工的第一要求。不要试图搞小动作，你的上司能有今天的位置说明他绝非等闲之辈，你智商再高，手段再高明，在他的经验阅历面前你也不过是小儿科。

最低级的背弃忠诚的行为，往往从贪小便宜开始。任何一家正规、资深的公司，即使制度再严密，也会有漏洞。如果你是一个品行俱佳的人，切不可如此：趁人不备悄悄打个私人长途；或趁上司不注意时，悄悄塞上一张因私打的票，让其签字报销；上班时，明明迟到，卡上却填着因公外出；更有甚者，当客户来访时，给你悄悄带来一份礼物，以答谢你在业务往来中曾经给过他的帮助，而这一帮助，恰恰是以牺牲本公司的利益为代价的。细雨无声，倘若让这种"酸雨"淋了你的心，你就会慢慢地被腐蚀。老板都厌恶贪小便宜的人，他会认为这是品质问题，一旦他对你有了这种印象就会失去对你的信任。

上司一般都把下属当成自己的人，希望下属忠诚地跟着他，拥戴他，听他指挥。下属不与自己一条心，是上司最反感的事。忠诚、讲义气、重感情，经常用行动表示你信赖他、敬重他，便可得到上司的喜爱。

你可以通过多种方式表达对老板的忠诚，让上司感到你是他可靠的员工，但这种表示不是要你去拍马屁，而是让你将自己的坦诚展现给上司看。

商界有个经典例子，从反面说明了忠诚原则的重要。有家公司因其对手公司业务的红火而感到忧心，但想不出制服对手的良策。终于，对策有了，他们想方设法寻找关系，接近对手公司的一名仓库主管，让其暗中出卖商业机密。这个主管在利益的驱使下，利令智昏，把自己公司的库存数量、货品结构、价格策略一一泄露。几经交手，商界风向大变，原先生意红火的公司，节节败退，最后倒闭；另一家快要倒闭的公司，却起死回生，反败为胜。覆巢之下安有完卵？这名主管最后也落得身败名裂的下场。

这种隐性的不忠诚，可以说是办公室里的定时炸弹。一个有职业道德的人，心里有一条准则：绝不选择良心的堕落。

因此，你做事要站在上司的立场去考虑，对上司尤其是老板的指令与意见要由衷尊重，并全力以赴；对公司或团队要尽力维护并确保形象，有时更需要耐心接受上司或老板的冗长说教，甚至错误的指责。再者，逆境是考验一个人是否忠诚的最佳时机。所谓"疾风知劲草，板荡识忠臣"就是考验一个人在逆境中是否忠诚的最佳写照。当公司经营产生困境或内部高层倾轧、争权之际，你能坚守岗位全力为上司分忧解劳，丝毫无临危逃跑或落井下石的行为，在公司恢复正常运营时，公司必会对你的行为感到佩服并给予回报。即使上司将来另立门户亦会视你为左右手而提拔你。

2. 做事有主见原则

在职场博弈里，你只做到忠诚还不够，还要坚持自己的原则，做事有主见，因为职场里各种消息会满天飞，一不小心，你就可能被假消息迷惑，从而失去自己在职场中的机会，所以你一定要坚持自己的主见。

IBM 最受欢迎的员工就是具有"野鸭精神"的员工。他们坚持自我，不迷信上司，有胆量提出尖锐而有设想的问题。IBM 总经理沃森信奉丹麦哲学家哥尔科加德的一段名言：野鸭或许能被人驯服，但是一旦驯服，野鸭就失去了它的野性，再也无法海阔天空地去自由飞翔了。沃森说："对于重用那些我并不喜欢但却有真才实学的人，我从不犹豫。然而重用那些围在你身边尽说恭维话，喜欢与你一起去假日垂钓的人，则是一种莫大的错误。与此相比，我寻找的是那些个性强烈、不拘小节以及直言不讳，甚至似乎令人不快的人。如果你能在你的周围发掘许多这样的人，并能耐心听取他们的意见，那你的工作就会处处顺利。"根据 IBM 公司的用人思想，这种毫不畏惧的人才会做出大的成绩，是企业真正需要的人才。

坚持自我是指维护自己的观点和立场。坚持自我的人会通过与人们进行诚实、公正的交流来表达自己的需要，而不是靠争斗来解决问题。下面这几点就是坚持自我的很好表现：

1. 重视自己的观点，保持自尊。

2. 发言时斩钉截铁。

3. 说话时要吐字清晰、语调平稳。你的声音越从容，你就会越自信。

4. 清晰而缓慢地说出自己的需求。

5. 保持身体前倾。

6. 正视对方。

说话时要强调自我，这是坚持自我的真正本质，做到这点你就能清楚地表达自己的愿望和期待，同时还不必把对方置于敌对的立场上。比如，你可以采用"我想"、"我觉得"、"我愿意"等句式来表达自己的意愿。

◉ 职场共赢六法则

虽然竞争无处不在，会给人带来压力，不过也正因为这样，人类才拥有更多的成就与辉煌。玫瑰与刺相遇，各自告别了俗艳与尖利，成就了傲视群芳的铿锵之花；乔丹与皮蓬相遇，各自告别了独角戏与狂傲腔，成就了历史上的神话公牛；你与我在职场中相遇，就应该告别猜忌与功名，成就双赢的和谐篇章，垒起更高的人生峰塔。那么应该如何做呢？

1. 尊重差异

尊重差异，指的是不挑剔、不嫌弃；人与人的相处，贵在包容；肯定自己的选择，接受自己和对方之间的差异。这些说起来简单，做起来不容易。

刘键毕业于一所名牌大学，几年的市场实战历练，使他羽翼渐丰。经朋友介绍，他从广州来到武汉，到某公司市场部就职。由于有扎实的专业知识、大公司里积累的工作经验，大方开朗的他深得领导青睐。一次，公司在内部广征市场拓展方案时，经理在分配任务时提醒：作为尝试，刘键与几名"后起之秀"，可以每人单独完成一份，也可以合作完成一份。

凭借着在大公司工作的经验，以及对市场行情的把握，刘键决定单挑。他花了整整一个星期时间，细斟慢酌，搞定了"大作"。报告上呈后，经理的评价出乎他的意料："缺少了本地化的东西，操作性不强。不过，你的宏观视野很开阔。"之后，经理把几名"后起之秀"叫到一起，让他们分别揣摩彼此的方案。在经理的"撮合"下，他们将各自方案中的亮点进行了提炼和重构，结果，新方案被老总评优，列为备选的最终方案之一。想着自己能与资深员工"并驾齐驱"，他们甭提多高兴了。

事后，经理指出，他之所以给出提醒，就是想让这几名年轻人互相合作，取长补短。不料，他们竟然都选择了单兵作战。刘键总结这件"策划否决案"时，感慨地说："想要尽快成长，还是得注重协作和请教，否则，欲速则不达呀！"

2. 互补共赢

在动物世界，即使凶残的鳄鱼也有合作伙伴。公元前450年，古希腊历史学家希罗多德来到埃及。在奥博斯城的鳄鱼神庙，他发现大理石水池中的鳄鱼，在饱食后常张着大嘴，听凭一种灰色的小鸟在那里啄食剔牙。这位历史学家非常惊讶，他在著作中写道："所有的鸟兽都避开凶残的鳄鱼，只有这种小鸟却能同鳄鱼友好相处，鳄鱼从不伤害这种小鸟，因为它需要小鸟的帮助。鳄鱼离水上岸后，张开大嘴，让这种小鸟飞到它的嘴里去吃水蛭等小动物，这使鳄鱼感到很舒服。"这种灰色的小鸟叫"燕千鸟"，又称"鳄鱼鸟"或"牙签鸟"，它在鳄鱼的"血盆大口"中寻觅水蛭、苍蝇和食物残屑；有时候，燕千鸟干脆在鳄鱼栖居地营巢，好像在为鳄鱼站岗

171

放哨，只要一有风吹草动，它们就会一哄而散，使鳄鱼猛醒过来，做好准备。正因为这样，鳄鱼和小鸟结下了深厚的友谊。

其实，在人类社会中，这种利他的范例也很多，改革开放后出现的"温州模式"其实就是合作共赢、互利共生的典范。因为你并非完美无缺，只有让你的合作者生活得更好，你才能更好地生活。仔细想一想，我们与老板的关系，与下属的关系，与同事的关系，与顾客的关系，等等，不也是一种互通有无、共同发展的关系吗？

3. 合作共赢

不论是在商场还是在职场，都存在激烈而残酷的竞争。与老板、客户、同事、下属、对手，都要调整竞争与合作的策略，要以利人利己的共赢思维做大市场，做大事业，而不是以"杀敌一千，自伤八百"赌气竞争心态弄得你死我活、两败俱伤。

蒙牛总裁牛根生深知竞争与合作的道理。在早期蒙牛创业时，当有记者问："蒙牛的广告牌上有'创内蒙古乳业第二品牌'的字样，这当然是一种精心策划的广告艺术。那么请问，您认为蒙牛有超过伊利的那一天吗？如果有，是什么时候？如果没有，原因是什么？"

牛根生答道："没有。竞争只会促进发展。你发展，别人也发展，最后的结果往往是'双赢'，而不一定是'你死我活'。"

在牛根生的办公室，挂着一张"竞争队友"战略分布图。牛根生说："竞争伙伴不能称之为对手，应该称之为竞争队友。以伊利为例，我们不希望伊利有问题，因为草原乳业是一块牌子，蒙牛、伊利各占一半。虽然我们都有各自的品牌，但我们还有一个共有品牌'内蒙古草原牌'和'呼和浩特市乳都牌'。伊利在上海 A 股表现好，我们在香港的红筹股也会表现好，反之亦然。蒙牛和伊利的目标是共同把草原乳业做大，因此蒙牛和伊利，是休戚相关的。"这就不难理解在伊利高管出事以后，牛根生和他的蒙牛为什么没有落井下石，反而说了很多好话。

不论在国内还是国外，一个地方因竞争而催生多个名牌的例子很多。德国是弹丸之地，比我国的内蒙古还小，但它产生了 5 个世界级的名牌汽车公司。有一年，一个记者问"奔驰"的老总："奔驰车为什么飞速进步、风靡世界？""奔驰"老总回答说："因为宝马将我们撵得太紧了。"记者转问"宝马"老总同一个问题，宝马老总回答说："因为奔驰跑得太快了。"美国百事可乐诞生以后，可口可乐的销售量不但没有下降，反而大幅度增长，这是由于竞争迫使它们共同走出美国、走向世界。

4.懂得宽容

宽容和忍让是一种豁达的人生态度，是一个人有涵养的重要表现。没有必要和别人斤斤计较，没有必要和别人争强斗逞，给别人让一条路，就是给自己留一条路。

什么是宽容？法国19世纪的文学大师雨果曾说过这样一句话："世界上最宽阔的是海洋，比海洋宽阔的是天空，比天空更宽阔的是人的胸怀。"宽容是一种博大，它能包容人世间的喜怒哀乐；宽容是一种境界，它能使人生跃上新的台阶。在生活中学会宽容，你便能明白很多道理。

我们必须把自己的聪明才智用在有价值的事情上面。集中自己的智力，去进行有益的思考；集中自己的体力，去进行有益的工作。不要总是企图论证自己的优秀，别人的拙劣，自己的正确，别人的错误；不要事事、时时、处处总是唯我独尊，固执己见。在非原则的问题和无关大局的事情上，善于沟通和理解，善于体谅和包涵，善于妥协和让步，既有助于保持心境的安宁与平静，也有利于人际关系的和谐和团队环境的稳定。

5.善于妥协

柳传志曾送给他的接班人杨元庆一句话："要学会妥协。"现代竞争思维认为，"善于妥协"不是一味地忍让和无原则地妥协，而是意味着对对方利益的尊重，意味着将对方的利益看得和自身利益同样重要。在个人权利日趋平等的现代生活中，人与人之间的尊重是相互的。只有尊重他人，才能获得他人的尊重。因此，善于妥协就会赢得别人更多的尊重，成为生活中的智者和强者。

因为不懂得妥协，才导致职场和市场中的残酷竞争、两败俱伤。社会是在竞争中发展进步的，也是在妥协中和谐共赢的。我们甚至可以这样说，妥协至少与竞争一样符合生活的本质。人与人妥协，彼此的日子就都有了节日的味道。

学会妥协，收获友谊，维护尊严，获得尊重。当你同别人发生矛盾并相持不下时，你就应该学会妥协。这并不表示你失去了应有的尊严，相反，你在化解矛盾的同时又在别人心中埋下了宽容与大度的种子，别人不仅会欣然接受，而且还会在心中对你产生敬佩与尊重之情。让别人过得好，自己也能过得快乐。学会妥协，世界会因你而美丽！

6. 共赢思维

美国心理学家托马斯·哈里斯在《我好，你也好》一书中，按照人格的发展，将团队中各自然人之间的关系分为4种类型：我不好，你好；我不好，你也不好；我好，你不好；我好，你也好。可见，第4种关系类型：我好，你也好，是人际关系最理想的态势。但此种局面的形成要求各方必须具备成熟的人格和共赢思维。

但是，在现实生活中，我们普遍存在的是赢、输思维或单赢思维。谋求赢、输思维的人只顾及自己的利益，只想自己赢别人输，把成功建立在别人的失败上，比较、竞争、地位及权力主导他们的一切。而单赢思维的人则只想得到他们所要的，虽然他们不一定要对方输，但他们只是一心求胜，不顾他人利益，他们的自觉性及对别人的敏感度很低，在互赖情境中只想独立。这种人以自我为中心，以我为先，从不关心对方是赢是输。

共赢的思维特质是竞争中的合作，是寻求方共同的利益，即你好，我也好，这是一种成熟的"双是人格"。养成共赢思维的习惯，需要我们从以下两个方面努力。

第一，确立共赢品格。

共赢品格的核心就是利人利己，即：你好，我也好。首先要真诚正直，人若不能对自己诚实，就无法了解自己内心真正的需要，也无从得知如何才能利人利己。其次，要对别人诚实，对人没有诚信，就谈不上利人，缺乏诚信作为基石，利人利己和共赢就变成了骗人的口号。

第二，具备成熟的胸襟。

我们通常说某个人成熟了，往往是指他办事老练、老道、可靠，这其实是不全面的。真正的成熟，就是勇气与体谅之心兼备而不偏废。有勇气表达自己的感情和信念，又能体谅他人的感受与想法；有勇气追求利润，也顾及他人的利益，这才是成熟的表现。勇气和体谅之心是双赢思维所不可或缺的因素。两者间的平衡是真正成熟的表现。

把握以上原则，身在职场，无论是谁在和你玩这场"游戏"，最终赢的都必定是你。

◎ 跳槽是把双刃剑

在职场中，每个人都知道"此处不留人，自有留人处"这个道理，跳槽已成为一件很平常的事，但跳槽并非在任何时候都是一件有益的事。当情况不利时，跳槽就会变成一种风险。

既然有时跳槽会是一种风险，我们又该如何判断呢？我们可以运用博弈的原理，判断对自己是否有利。

假设员工 A 在甲公司上班，如果他的薪酬是 x 元／月，由于种种原因 A 有跳槽的意向。他在人才市场上投递了若干份简历后，乙公司表示愿以 y 元／月的薪酬聘任 A 从事与甲公司类似的工作，y > x。这时，甲公司面临两种选择，第一，默认 A 的跳槽行为，以 p 元／月的薪酬聘任 B 从事同样的工作 y > p；第二，拒绝 A 的跳槽行为，将 A 的薪酬提升到 q 元／月，当然 q 一定要大于或等于 y，员工 A 才不会跳槽。

当员工 A 有跳槽的想法时，单位甲和员工 A 之间的信息就不对称了。很明显，员工 A 占有更充分的信息，因为甲公司不知道乙公司愿给 A 支付多少薪酬。当员工 A 提出辞呈时，甲公司会首先考虑到员工 A 所处岗位人力资源的可替代性，如果 A 人力资源不具有可替代性，那么甲公司就会以提高薪酬的方式留住 A，员工 A 与甲公司经过讨价还价后，甲公司会将员工 A 的薪酬提升到大于或等于 y 元／月的水平。如果 A 人力资源具有可替代性，那么甲公司就会默认 A 的跳槽行为。

其实，每个单位都会针对员工的跳槽申请做出两种选择：默许或挽留。相对来说，员工也会做出两种选择：跳槽或留任。实际上，在对待跳槽问题上，单位和员工都会基于自身的利益讨价还价，最后做出对自己有利的选择。实质上这一过程是单位和员工的博弈过程，无论员工最后是否跳槽都是这一博弈的纳什均衡。

以上只是基于信息经济学角度而进行的理论分析。实际上，当存在招聘成本时，即便人力资源具有可替代性，单位也会在事前或事后采用非提薪的手段阻止员工跳槽。例如，事前手段：单位与员工签署就业合同时，约定一定的工作时限和违约金额。事后手段则包括限制户籍或档案调动；扣押员工工资；扣押员工学历证书或相关资格证，等等。

另外，对于员工来说，跳槽也存在择业成本和风险。新单位是否有发展前景，到新单位后有没有足够的发展空间，新单位增长的薪酬部分是否会弥补原来的同事情缘，在跳槽过程中，员工必须考虑到这些因素。这只是员工一次跳槽的博弈，从一生来看，一个人要换多家单位，尤其是年轻人跳槽更为频繁。将一个员工一生中多次分散的跳槽博弈组合在一起，就构成了多阶段持续的跳槽博弈。

正所谓行动可以传递信息。实际上，员工每跳槽一次就会给下一个雇主提供自己正面或负面的信息，比如：跳槽过于频繁的员工会让人觉得不够忠诚；以往职位一路看涨的员工会给人有发展潜力的感觉；长期徘徊于小单位的员工会让人觉得缺乏魄力。员工以往跳槽行为给新雇主提供的信息对员工自身的影响，最终将通过单位对其人力资源价值的估价表现出来。但相对于正面的信息来说，会让新单位在原基础上给员工支付更高的薪酬。

从短期看，通常员工跳槽都以新单位承认其更高的人力资源价值为理由；如果从长期看，员工跳槽的前一阶段时间会影响到未来雇主对其人力资源价值的评估。这种影响既可能对员工有利，也可能对员工不利。换句话说，员工在选择跳槽时，也等于在为自己的短期利益与长期利益作选择。

职场中，如果一个人心已不在就职单位上，那么他或多或少会在工作中表现出来。但你不要总以为自己才是最聪明的，也不要总想着跳槽。需要时刻记住的是：无论如何取舍，都不会有人为你的失误埋单。跳槽也存在着风险，所以要经过充分的考虑。

第十一章

爱情要懂博弈论：

婚姻是场马拉松

◎ 爱情博弈论

在爱情里，男人总想找到属于自己的白雪公主，那个女孩一定要漂亮，而且要深爱着他。同样，女人也总想找到自己的白马王子，那个男孩一定要英俊潇洒，还要有绅士风度。可在现实的爱情里，我们都在感慨，为什么好男人总是少之又少？为什么好女人却总嫁不掉？为什么第三者的条件往往不如你优秀，却敢在你面前叫嚣？为什么一个好男人加一个好女人，却不能等于百年好合？

这些看起来无从回答的爱情难题，在博弈论里即可找到答案。

爱情博弈论，就是研究日常生活中，男男女女该如何才能找到能使自己幸福的另一半。

一个成功的好男人，身边定然少不了追逐他的女人。但是即便位列一等的好男人，也会留下机会给那些优秀的女人得到他，否则比尔·盖茨至今还应该单身，威廉王子也不会忙不迭地到处约会女朋友，一门心思替英国王室寻找最好的王妃！

贝克汉姆曾经也是情窦初开的腼腆少年。他曾经痛恨自己的拙嘴笨舌，因为在刚刚遇见如花似玉的"辣妹"维多利亚时，他不知道该如何表达自己对她的好感，只有在维多利亚去洗手间的时候，两次情不自禁地起身，才让维多利亚看出了他对自己的敬慕。接着，才有维多利亚巡回演出时，两个人隔着太平洋和7小时时差狂打越洋电话。电话的内容，简单无趣，只是讨论讨论同一轮月亮，为什么在两人眼睛里看起来却不大一样。

后来成为"贝太"的维多利亚不能忍受自己丈夫的花心以及报纸上关于他的诸多花边新闻。在怀孕5个月的时候，因为小贝和一个三版女郎的不伦之恋，她抽小贝的耳光，直抽到他嘴角出血，但是最后，她还是把苦果独自咽了下去，因为她还想要声誉，想要孩子，想要这个能跟她联手，在时尚界立于不败之地的好搭档。

可以说在好感刚来的时候，是维多利亚的美貌和名声击败了小贝，但接着，就要靠维多利亚的智慧和伎俩，否则两个人的爱情，怎么能传奇到今天？

在爱情中，男人总是很容易背叛，因为男人是靠事业的，女人是靠美貌的，打动维多利亚的正是小贝的辉煌事业，而小贝恰恰是看上了维多利亚的美貌！在爱情博弈里，男人与女人的期望是不同的。根据不同的期望自然要选择不同的策略。

曾经，同为软件工程师的美琳达正在认真工作，突然接到比尔·盖茨的电话，电话里，盖茨有些羞怯地说："如果你愿意在下班之后跟我约会的话，请打开桌子上那盏湖蓝色的台灯。"原来，盖茨暗恋美琳达已经很久了，他们办公室的窗子正好相对，每当隔着窗子看见美琳达窈窕而忙碌的身影，盖茨就情难自禁。而美琳达对这个有着非凡智慧的年轻人，也是心仪已久。终于，在那天下班之后，湖蓝色的台灯在美琳达的桌子上发出脉脉的黄光，仿佛美琳达"欲说还羞"的心情。盖茨这个一代天才终究难逃美人关，而美琳达也深为盖茨的智慧折服。究其原因，男人的智慧可以给女人带来财富。女人需要的是享受，而男人则更需要女人的美丽，在某种意义上而言，男人需要的是欲望。因为在与美琳达约会前，盖茨已是出了名的问题少年。在哈佛读书的时候，他的一个重要兴趣，就是经常光顾以拥有大批脱衣舞俱乐部而闻名退迩的波士顿珂姆贝特区。

此外，盖茨还与另一个女人保持一种特殊的"友谊"，女人叫安·温莱德，长盖茨9岁，两人同居过好几年，在1987年分手，当盖茨考虑迎娶美琳达时，甚至要打电话请求她同意。

作为盖茨的太太，美琳达必须同意自己的丈夫每年有一个星期的假期与他的前任女友在一起——比尔保证，他们只是坐在一起谈谈物理学和计算机。

除了这种情感方面的不愉快，美琳达还得忍受盖茨不讲个人卫生的陋习，他经常两三天不洗澡，要是坐飞机去开会，回到家来，用美琳达的话形容，身上准能散发出一股叫人掩鼻的异味。这一切，美琳达必须要忍受，因为盖茨是个成功的男人，而一个成功的男人所带来的金钱足以满足女人的一切愿望，如果美琳达在爱情里不懂得让步，那么她与盖茨的博弈就可能没有双赢的结果！因为他们按自己不同的期望选择着自己的策略。

但一个在事业上很有成就，或者一味追求"巾帼不让须眉"的女性，在选择自己的爱人时对男人的社会学本质——他的财富、地位就不会很在意了。因为她自己已经具备了这一切。所以这样的人往往很难结婚。

生活里往往有这样的现象，一个女人，她很优秀，比如所谓的三高：学历高，职位高，收入高；或者 3D：Divine(非凡的)，Delicate(精致的)，Delectable(令人愉快的)。在他人眼里，很完美，但就是在爱情上不如意，年龄不小了，还没有出嫁。或者失败过一次，就很难再重新开始。

伊拉克战争，让作为战地记者的闾丘露薇成为新闻人物。离了婚的她，对情感问题很谨慎。有媒体问她："假如你将来遇到很优秀的男士，你是否愿意放弃工作去做他背后的女人？"她很严肃地回答："我想说人是需要独立的，如果没有经济和思想上的独立，不可能平等地和另外一个人交流。我是危机感很强的人，对我来说，放弃一份工作，没有经济收入，做一个全职太太，人家不要你的时候怎么办？如果是爱我的人，应该尊重我的选择，因为人和人之间不是尝试改变，而是相互接纳，如果尝试改变一个人，我宁愿选择放弃。"

这让人想起她在接受另一家媒体采访时对自己离婚这件事的评价："可能是因为我长得太快了吧……"

像闾丘露薇这样的女人貌若天仙，腰缠万贯，给大众的感觉就是一个词——辉煌。在她们的爱情博弈中，男人们不免这么想：人家这么优秀，面前肯定有数不清的机会，哪里就轮到我了？

只具有生物学本质(外表)优秀的男人，很自卑，不敢追求明星，而只具有社会学本质的优秀男士往往对自己的生物学本质自卑，所以，往往很难碰到和自己的期望相符的。但爱情所提供给大家的不只是一种感觉，很多人之所以保持单身就是觉得单身状态效益最大，既可以享受不结婚的自由，又可以凭借自己的优势不断地享受爱情的感觉。

总之，在每个人的爱情博弈中，都一定要从自身实际出发，尽可能掌握对方更多的信息，在此基础上，才可能找到属于自己的幸福。

◎ 先动策略让你赢得美人归

爱情里的规则是先动一方占据主动优势。不管女方貌若天仙，还是男方英俊潇洒。作为爱情博弈中的你，不要因此而自惭形秽。只要你把握主动权，采取先动策略，率先表达出自己的爱意，那么就很可能获得对方的青睐。

据说当年的晴格格王艳因为太漂亮，从来没有男生敢去追求。最后一个商人第一次跟她表白了爱意，王艳就嫁给了他，也就是她现在的丈夫。有一男孩非常喜欢一个女孩，但是他就是把感情藏在心里，不敢说出口，后来另一个男孩子先说了，结果女孩就和那个先表达爱意的男孩谈恋爱了，那个男孩后悔不已。因为他没有遵循爱情里的规则，即采取先动策略。

如果看《诺丁山》到 2/3 时，你还没有热泪盈眶，那你一定还没有真正渴望过爱情。

大牌影星安娜·斯科特走进伦敦诺丁山一家小书店，一杯橙汁使离婚后爱情生活一直空白的威廉·塞克意外地得到了安娜的吻，两人相爱了。

然而威廉·塞克是一个羞涩的男人，或者说是一个不懂得主动的男人。

女主角只能主动，第一次去他家里，出门后又回来；在车站再次邂逅，她邀请他去自己家里；后来为躲避记者跟踪、她到他家里过夜，也是她主动走到他的床边，后来因为前男友的介入，她和他有了误会，到最后，也是她主动上门要求重修旧好……

那个憨厚纯良的男人，或许觉得这种幸福是不真实的，就那么一次次缺乏着爱的勇气，就那么一次次躲避着爱情的大驾光临。

所以，那些看电影到 2/3 时，禁不住热泪盈眶的观众，一定是理解了女主角心里的温柔和焦急：主动，我得主动，否则我的爱情就要不翼而飞了。或许我们在生活里也有这样的经历，自己心爱的那个人，仿佛永远不知道自己在渴望什么，就那么傻愣愣地在一旁观望自己的爱情，像局外人一样不敢介入。

经济学里的"先动优势"，是指在一个博弈行为中，先行动者往往比后行动者占有优势，从而获得更多的收益。也就是说，第一个到达海边的人可以得到牡蛎，而第二个人得到的只是贝壳。或许你可以把它理解为先下手为强，比如，第一个对你说"我爱你"的人，总是比之后的其他追求你的人让你印象深刻，哪怕你那时候只是和他在大学校园里拉了拉手、散了散步，到很老的时候，你也不会忘记他。

但是在爱情中，"先动优势"往往会形成惯性，你主动了第一次，以后就得永远主动下去，你爱的那个人，仿佛已经习惯了什么事情都由你发起，或许个性使然，也或许习惯使然。

共鸣和分享式的爱情才会有持久的生命力，在一场恋爱当中，你发现对方只是一个道具，而这个爱情故事基本是你一个人在拼命流泪流汗唱独角戏，这是多么遗憾的事情。

所以，在爱情里，要耍一点小伎俩，先动了，有了优势的时候，不如把脚步放慢，让对方跟上来，两个人步调一致了，爱情才能经营得好。

《诺丁山》的结局，威廉·塞克鼓起勇气，直闯了记者会，关键时刻向心上人表达了自己的心声，赢得美人归，这就是进步。

在爱情博弈中，先表白，采取主动是追求恋人最好的策略。

🌀 爱情里的优势策略

在爱情里虽然经常看到那些恐龙配帅哥，青蛙配美女的情况，我们知道这是由于逆向选择造成的，是由于信息的不对称造成的，但到底是什么造成了信息不对称呢？这就是在爱情中处于劣势的一方选择了优势策略，从而使自己获得了佳人的芳心或帅哥的青睐。

欧·亨利的小说《麦琪的礼物》描述了这样一个爱情故事。新婚不久的妻子和丈夫，很是穷困潦倒。除了妻子那一头美丽的金色长发，丈夫那一只祖传的金怀表，便再也没有什么东西可以让他们引以为傲了。虽然生活很累很苦，他们却彼此相爱至深，关心对方都胜过关心自己。为了促进对方的利益，他们愿意奉献和牺牲自己的一切。

圣诞节就快到了，但两个人都没有钱赠送对方礼物，即使这样两个人还是决定赠送对方礼物。丈夫卖掉了心爱的怀表，买了一套漂亮发卡，去配妻子那一头金色长发。妻子剪掉心爱的长发，拿去卖钱，为丈夫的怀表买了表链和表袋。

最后，到了交换礼物的时刻，他们无可奈何地发现，自己如此珍视的东西，对方已作为礼物的代价而出卖了。花了惨痛代价换回的东西，竟成了无用之物。出于无私爱心的利他主义行为，结果却使得双方的利益同时受损。

欧·亨利在小说中写道："聪明的人，送礼自然也很聪明。大约都是用自己有余的物事，来交换送礼的好处。然而，我讲的这个平平淡淡的故事里，主人公却是笨到极点，为了彼此，白白牺牲了他们最珍贵的财富。"

从这段文字看，欧·亨利似乎并不认为这小两口是理性的。如果我们抛开爱情，假定每个人都有一个专门为别人谋幸福的偏好系统。这样，个人选择付出还是不付出，只看对方能不能得益，与自己是否受损无关。以这样的偏好来衡量，最好的结果自然是自己付出而对方不付出，对方收益增大；次好的结果是大家都不付出，对方不得益也不牺牲；再次的结果是大家都付出，都牺牲；最坏的结果是别人付出而自己不付出，靠牺牲别人来使自己得益。我们不妨用数字来代表个人对这4种结果的评价：第一种结果给3分，第二种结果给2分，第三种结果给1分，最后那种给0分。

不难看出，无论对方选择付出，还是选择不付出，自己的最佳选择都是付出。然而这并不是对大家都有利的选择。事实上，大家都选择不付出，明显优于大家都选择付出的境况。

实际上，这里的例子有一个占优策略均衡。通俗地说，在占优策略均衡中，不论所有其他参与人选择什么策略，一个参与人的占优策略就是他的最优策略。显然，这一策略一定是所有其他参与人选择某一特定策略时该参与人的占优策略。

因此，占优策略均衡一定是纳什均衡。在这个例子中，不剪掉金发对于妻子来说是一个优势策略，也就是说妻子不付出，丈夫不管选择什么策略，妻子所得的结果都好于丈夫。同理，丈夫不卖掉怀表对于丈夫来说也是一个优势策略。

在博弈中，其实，一方采用优势策略在对方采取任何策略时，总能够显示出优势。

◎ 择侣"麦穗理论"

对于伴侣的选择，乃是人生中最重要的事，特别是女性，婚姻无异于女人的第二次生命。俗话说得好：男怕入错行，女怕嫁错郎。因此，女性朋友在择偶时必须慎之又慎，那么如何用博弈论来指导自己的择夫行为呢？

西方的择偶观里有著名的"麦穗理论"，是说我们寻找伴侣时如同走进了一个麦田，一路有麦穗向我们招手，很多人不知道摘取哪一支，因而就会有踌躇和彷徨、遗憾和悲伤。而正常人再花心，他或她也得选择一人来陪伴自己的旅程。当然并不排除有极少数人会在短短的一生里一换再换。

"麦穗理论"来源于这样一个故事。历史伟大的思想家、哲学家柏拉图问老师苏格拉底什么是爱情？老师就让他先到麦田里去摘一棵全麦田里最大最金黄的麦穗来，只能摘一次，并且只可向前走，不能回头。

柏拉图于是按照老师说的去做了。结果他两手空空地走出了麦田。老师问他为什么没摘？他说："因为只能摘一次，又不能走回头路，其间即使见到最大最金黄的，因为不知前面是否有更好的，所以没有摘；走到前面时，又发觉总不及之前见到的好，原来最大最金黄的麦穗早已错过了；于是我什么也没摘。"

老师说："这就是爱情。"

之后又有一天，柏拉图问他的老师什么是婚姻，他的老师就叫他先到树林里，砍下一棵全树林最大最茂盛、最适合放在家作圣诞树的树。其间同样只能砍一次，以及同样只可以向前走，不能回头。

柏拉图于是照着老师说的话做。这次，他带了一棵普普通通，不是很茂盛，亦不算太差的树回来。老师问他："怎么带这棵普普通通的树回来？"他说："有了上一次的经验，当我走到大半路程还两手空空时，看到这棵树也不太差，便砍下来，免得最后又什么也带不出来。"

老师说："这就是婚姻！"

可见，完美的爱情和婚姻是很难得到的，大多数人只是处于凑合的状态。真正得到合适的伴侣的概率是很小的。

不妨假设有 20 个合适的单身男子都有意追求某个女孩，这个女孩的任务就是，从他们当中挑选最好的一位作为结婚对象，决定跟谁结婚。从这 20 个里面选出最好的一个并非易事，该怎么做才能争取到这个结果？

首先，要考虑的是对对方真实性格、人品的判断。约会时，男女双方一开始都是展示自己的优点，掩盖自己的不足。当然，他们都想了解对方的一切，不管是优点还是缺点。对于一个女孩来说，男朋友赠送的花是相对廉价的，而贵重的钻石、金表、项链等礼物也许更能代表一个人的真心。正如有句话说的："一个男人爱一个女人有多深，就会为她掏出多少钞票。"这是一个人乐意为你奉献多少的可靠证明。然而，礼物值多少"钱"对于不同的人是有差异的。对一个亿万身价的有钱人来说，送上一颗名贵钻石可能比带你游山玩水的价值要低得多。反之，一个穷小子，花了大量时间辛勤工作，买上一颗钻石的价值就要高得多。

你也应当意识到，你的约会对象同样会对你的行为挑剔一番。因此你得采取能真正代表你具有高素质的行为，而不是谁都学得来的那些行为。

其次，要考虑的是选择什么样的方法来筛选出比较合适的异性。很明显，最好的方法是和这 20 个人都接触一遍，了解每个人的情况，经过筛选，找出那个最适合的人。然而在现实生活中，一个人的精力是有限的，不可能花大把的时间去和每个人都交往。不妨假定更加严格的条件：每个人只能约会一次，而且只能一次性选择放弃或接受，一旦选中结婚对象，就没有机会再约会别人。那么最好的选择方法存不存在呢？事实上是存在的。

不如我们来模拟一下。显然，你不应该选择第一个遇到的人，因为他是最适合者的概率只有 1/20。这个概率可以说是非常的渺茫，直接把筹码放在第一个人身上，也是最糟的赌注。同样的，后面的人情况都相同，每个人都只有 1/20 的概率可能是 20 个人当中的最适合者。

可以将所有的追求者分成组（比如分成 5 组，每组 4 人）。首先从第一组中开始选择，在第一组中每一个男性都约会，但并不选择第一组中的男性，即使他再优秀、再完美都要选择放弃。因为，最合适的对象在第一组中存在的概率不过 1/5。

如果以后遇到比这组人更好的对象，就嫁给这个人。当然这种方法像

"麦穗理论"一样,并不能保证选择出的是最饱满最美丽的麦穗,但却能选择出比较大比较美丽的麦穗。无论是选择爱情、事业、婚姻、朋友,最优结果只可能在理论上存在。不要把追求最佳人选作为最大目标,而是设法避免挑到最差的人选。这种规避风险的观念,对我们在做人生选择时非常有用。

◎ 爱情是场美梦,婚姻是场赌博

现在,越来越多的男女倾向于这样一种观点:爱情和婚姻不是一回事。爱情,往往意味着甜蜜,选择婚姻却是一场赌博。和什么人过一辈子,选择了,也就认命了,不管是男人还是女人,结婚也就意味着你必须和他或她走完漫漫的人生旅途。但选择谁呢?在选择之前,我们每个人都对婚姻充满着无限的渴望,选择后也许如我们所愿,也许就跌入了万丈深渊。因为人生路漫漫,不可预期的事情太多,而且就人而言,结婚前和结婚后是绝对不一样的。下面的例子正好说明了婚姻的不确定性与不可预知性。

他和她很早就认识,一个是车工,一个是厂花。喜欢她的男人很多,每天都有人给她打好饭,看着她吃。他清贫,也没什么背景,因此有些自卑。他只能在一个角落里偷偷地看她。其实,她在心里早就喜欢他,只是他不知道。他虽是车工,却很懂文艺。每逢厂里排戏,都是由他编本子。在厂庆的晚会彩排上,她演他的本子,说他的台词。后来,他们就在一起了。结婚,生孩子,像大多数恋爱的男女一样,有了一个好结果。

故事却没有完。

他们第二个孩子降生时,他对她说,想去拍电影。

她知道,这些年来,他一直没有断了去拍戏的念头。

考虑再三,她还是冒着风险支持他。

辞掉工作,拿走家里全部的积蓄,甚至借了些钱,他跑到北京,开始另一番创业。先是两年的理论学习,后来开始在剧组里打杂。那些日子,不用说,家里很困难。她一个人撑下来,渐渐地,脸色黄下来,秀美的脸被愁容掩盖。她几乎与外界隔绝,无暇读书,看电视,生活里除了两个急需照看的孩子之外，就是远在他乡，给她帮不上一点忙的他。

他偶尔给她打电话，她总说，电话费好贵的，不如省下来买火车票。

其实，她是希望见他的。

22年的光阴一晃而过，他们已到中年。

她把孩子带大，用自己的美丽、健康，换得孩子的幸福。他呢？拍了好几部电影。他成功了，他拍的片子得到了认可，并且，在国外连连获奖。这些，她当然知道。每当认识的朋友看到他拍的电影，而向她祝贺并询问他的情况时，她就会无限骄傲。

只是，他更忙。一年中，她偶尔可以见他一两次，每次都短短三五天。

相比剧组里年轻的女演员来说，她早成了黄脸婆。而且，现在的女孩子，为了能出名，什么都放得开。

外面的世界充满诱惑，过去的生活如此无趣。他终于迎向了更蓝更广阔的天空，向她提出了离婚的请求。

她流着泪问他："为什么？"

他说："因为我们没有相爱的理由。"

她原不知道，婚姻是一场漫长的考验。不是这时这刻的相爱，就能代表一生一世。世界会变，人也会变。两个从苦日子走过来的人，并不一定能同时面对生活的甘美。婚姻的不确定性很大，婚前的甜言蜜语、海誓山盟并不代表婚后一定是幸福的，这个女子的丈夫在功成名就后变心，虽然给她造成了打击，但她毕竟有过一段时间的美好期盼，而有的婚姻刚刚开始就露出了魔鬼的狰狞。

有一个丧心病狂的男人，在没得到女人之前，百般献媚；结婚后，不顺他意，便大打出手，更为恶劣的是在女人的脸上和身上刺字，话语肮脏下流。他一共结了两次婚，残害了两个女人，第一个妻子，除身上刺字外，多年后，满脸的刺青依然清晰可见，惨不忍睹；第二个妻子全身上下共刺了300多个字，需要两年的时间才能彻底清除。他对付这两个女人的手段和伎俩，如出一辙，那就是不许报案，否则将灭其全家。这两个女人最初的忍让没有换来罪犯丝毫的怜悯，她们都是在走投无路的情况之下，在罪犯大意的时候，偷偷逃跑的。前一个软弱的女人为了不累及家人选择了忍气吞声，只有第二个女人在家人的支持下，勇敢地站了出来，至此这一切才真相大白，当然罪犯被判处死刑，缓期两个月执行，剥夺政治权利终身。他得到了应有的惩罚，但是却在两个女人的身上和心理留下了不可磨灭的创伤。

这两个女人结婚前，谁也没想到他是这样一个恶徒，而结婚以后，不但没得到幸福，却身陷囹圄，甚至毁了一生。

婚姻是不可预期的，就像赌博一样。当你真正走进婚姻，会发觉婚姻不只是围城，甚至是牢笼，进去的想出来。很少的婚姻能达到双方的预期，因为婚姻的不确定性太大，它总是不可预期的。想达到真正的幸福就要学会抗和忍。用忍来减少自己的预期，用抗来遏制对方的预期。

◎ 和谐社会的"细胞"危机

这是一个进取的时代，这又是一个浮躁的时代；这是一个充满希望的时代，这又是一个充满危机的时代。改革开放的顺利进行，激发了人们无穷的斗志，为自己、为家庭、为集体而奋力拼搏；商品经济的浪潮一波又一波的冲击，使国人的道德底线受到挑战，"君子喻于义，小人喻于利"几近破产，"众人攘攘，皆为利来，众人熙熙，皆为利往"成为社会的时尚；一个被压抑了上百年的民族得到解放，一个在歧途中摸索了数十年的国家找到了金光大道，使得每个人面临无数的机会和挑战；旧的传统被打破，新的价值观念尚未形成，西方的健康的、非健康的意识涌入打开的国门，各种新思想、新事物冲击着社会的每一个角落，也影响着每一个家庭。所有的这一切，使每一个人，每一个家庭都充满着无数的变数，使我们感觉自己就像飘零在大海中的一叶扁舟，不知所依，随时可以被大海一个细浪吞噬。

家庭是社会的细胞，夫妻是家庭的轴心。夫妻生活和谐与否，涉及家庭和睦与社会安定的问题。夫妻生活宛如一首合奏的乐曲，只有双方全身心投入，协调一致，方能奏出美妙动听的音乐。然而，在现代商品经济的冲击下，在现代多元意识的侵蚀下，在各种新事物的影响下，我们的社会"细胞"面临着一场前所未有的危机。

故事一

林某与章某经 4 年恋爱后，于 1996 年登记结婚，次年生一子。婚后较长一段时间，两人互敬互爱，感情融洽。近年来，精于电脑技术的林某，逐渐痴迷上网聊天。不仅如此，他还将技艺传授给了妻子章某。悟性较高的章某，未费多大精力就熟悉了所授内容，并且痴迷程度很快超过了丈夫林某。

不久，章某与一男性网友在聊天中生出私情，书信往来，互赠照片，甚至预约会面。丈夫林某发现后，屡次劝告妻子，却被置若罔闻，由此引发了夫妻感情危机，并为此闹上法庭，丈夫要求与章某离婚。庭审中，被告章某承认了自己的过错。法院审理后，希望双方能够珍惜已建立的夫妻感情，判决不予离婚。

故事二

1995 年，北京的李祥与妻子恋爱结婚。2003 年，李祥在房山区大安山乡开办一家石板厂。生意得心应手之后，李祥与担任石板厂会计的周某开始同居。2005 年 8 月，周某竟然背着李祥卷款潜逃。同时，对他忍无可忍的妻子也向法院提出离婚。面对执意离婚的妻子，李祥在法庭上长跪不起，以此表达对自己过去行为的悔意并请求妻子原谅。主审法官对案件进行了耐心细致地调解。最终妻子原谅了李祥，夫妻言归于好。

数据一

近年来，劳务输出已成为诸多农村家庭增收致富的重要途径，外出务工人员不断增多，使农村婚姻家庭也受到冲击。某县妇联对该县某镇2001 年至今的离婚家庭情况作了调查了解，调查发现，5 年来有离婚家庭 61 个，因外出务工离婚的家庭有 53 个。其中：一方外出务工有 28 个，双方均外出务工有 25 个，女方提出离婚的有 32 个，男方提出离婚的有11 个，双方均提出离婚的有 9 对。

数据二

2003 年《扬子晚报》报道，随着农村人口频繁地到城市打工，女性在家庭中的地位提升很快，有六七成的女性在家中掌握着财务大权，成为名副其实的"一把手"，离婚案已经占到所有民事案件的20%左右，而且呈上升趋势。根据江苏某地方民政部门统计分析显示，离婚案中有6成是女方主动提出的，不再是过去那样男人"休妻"，离婚后能破镜重圆的不到5%，夫妻双双到城里打工而后劳燕分飞，已经成为农村婚姻的第一号杀手。

从上述故事和数据可以看出，随着社会经济的发展，我国家庭不稳定因素增多，离婚率急剧上升。故事一是中国无数因为网络而引发家庭危机的一起普通案件，网络这一新生事物已经越来越进入普通家庭，渗透到社会的每一个角落，网络对婚姻家庭的冲击已经成为一个社会问题。故事二，夫妻争吵离异主要是在商品经济浪潮的冲击下，过去曾一度灭绝的卖淫嫖娼、娶妾、养情人、包二奶等现象死灰复燃，而且越演越烈，成为众多家庭隐性的"杀手"。两组调查数据显示，家庭"危机"不仅仅是城市的"专利"，连一向保守、落后的农村家庭也在市场经济、商品浪潮的冲击下发生了翻天覆地的变化，这不仅仅表现在人们经济收入的提高，妇女地位的上升，而且还表现在人们对婚姻家庭有了更高的要求，一向以"离婚"为"不道德"的农村，也存在严重的婚姻家庭危机，而且造成这一变化的"主角"居然是素以勤劳、善良、俭朴、任劳任怨而称著的农村妇女。

对于当前存在的急剧上升的婚姻家庭危机，学者们从不同角度有着各自的解释：社会学家认为这是社会在大量资讯、传媒的多元冲击下，过去传统社会所建构的伦理规范受到冲击，人们的人生观、价值观混乱的表现；经济学家认为，这是在经济发展的条件下，人们降低个人生存的社会成本，提高生存效益的反映；人权主义者认为，这是追求个人自由，是女性解放的一种体现。无论哪种解释，都认为这一变化，对社会的发展必然产生正反两方面的影响。

但用博弈学的观点似乎可以更加完美地解释这一社会变化。随着经济发展，人们观念变化，每个人的实力都随着社会节奏在不断地发生变化，人们不仅在社会经济上展开博弈，在家庭生活上也开始了一轮新的博弈。从伦理道德的角度来说，过去传统的"三从四德"、"男尊女卑"一直在束缚着人们的头脑，离婚被看作是一件不道德、有伤风化的事情，而新中国成立后，卖淫嫖娼迅速根除，健康的社会新风尚得到迅速建立。此后，妇女解放运动得到蓬勃发展，妇女自我意识增强；而改革开放后，西方的个性解放更是如火如荼展开，鼓吹以自我为中心，唯我主义一度盛行，传统道德习俗受到冲击，能够在社会占主导地位的道德观、价值观又没有形成，这一切使离婚不再是伤风败俗的事情。在个性解放的鼓吹下，使众多的人试图以最小的成本，追求最大的"幸福"，不再愿意心平气和地寻找合作性博弈的契合点，合则来，不合则去，成为很多人展开非合作性博弈的借口。从经济上来说，我国自古以来以农业立国，以男耕女织为主要内容的小农经济构成社会的基本单位，一个家庭既是一个社会细胞，也是一个经济单位。传统的小农经济需要男女双方的密切配合才能生存，男子的劳动是家庭的主要支柱，这一经济特点维护了家庭婚姻的稳定。现代社会商品经济的发展，使传统经济遭到破坏，男子凭借自己的能力，能够获得更多的经济资源，拥有了更大的选择回旋余地，而众多的妇女也不再处于从属地位，很大程度上她们不再需要依靠男子的劳动也能够生存，甚至凭借自己的才干生存得更好。双方经济地位都有不同程度的提高，保守传统习俗的影响，很大程度上让男子不愿意放弃大男子主义架势；经济自立，个性解放，使妇女也不再愿意过多地受制于男子。一旦夫妻出现矛盾，双方迅速形成一种斗鸡博弈，过去那种以女子为主的妥协退让、忍气吞声的结局发生了变化，而是由经济实力较弱的一方、在道德舆论上不占据优势的一方做出较多的退让。一旦双方经济实力相当，或者受其他因素的影响，双方都不愿退让，只能以离婚收场，形成一种零和或者双输的非合作性博弈。

　　人们动辄离婚，一般来说是希望降低自己的博弈成本，追求更大的收益。但这种婚姻破裂、家庭危机，能够真正给个人、给社会带来更多的收益吗？

　　据调查显示，婚姻家庭的破裂，不仅给当事人，而且给他们的亲人都会带来不同程度的影响，总体上，其博弈支付成本大于其收益。调查显示，离婚只是从法律意义上解除夫妻的婚姻关系，但并不意味着痛苦从此不复返，离婚有可能会使人陷入感情和心理的新危机。离婚往往使当事人产生自卑心理、孤僻心理、仇恨心理、痛苦心理和再婚的随意和畏惧心理。父母离婚对儿童有着不同程度的影响。不同年龄的离婚家庭，儿童的适应和反应是不同的：婴儿期的儿童表现出的是倒退行为；幼童则表现出易怒、攻击性行为、自我责备和迷惑；少儿期的儿童表现出失落感、拒绝、无助、孤独及愤怒与忠诚的矛盾；青少年则表现出悲伤、羞耻，对未来和婚姻感到焦虑、烦恼、退缩。父母的离异不仅容易引发青少年吸毒、犯罪，而且即使成年后，在心理上也会终身留下阴影。

父母草率对待自己的婚姻家庭，不仅对自己和孩子会产生一系列影响，而且使社会的发展成本提高。研究表明，一旦社会的细胞——家庭出现普遍危机，就会使整个社会人与人之间缺乏信任，各种丑恶的社会现象层出不穷，人们学习、生活和工作的成本大大提高，从而降低了社会发展速度，甚至使社会陷入恶性循环发展。

一个社会的和谐需要每一个细胞，每一个家庭的努力，和谐的社会反过来又会馈赠每一个家庭。在倡导和谐社会的今天，在主张人与自然、人与社会和谐发展的今天，我们每一对夫妇，每一个家庭都多点合作，少点对抗，这样社会才能快速健康发展，社会的每一个细胞才能获得最大的利益。

第十二章

家庭生活要懂博弈论:

皇帝需要轮流做

◎ 两面三刀的妻子

妇女解放运动是从 20 世纪西方开始的，两次世界大战，把男人折腾得精疲力竭，社会劳动力匮乏，只能把某些事情委托于妇女。于是，妇女们就逐渐从围着锅台转中解放出来，从围着机器转，到围着桌子转，再到围着酒杯转等等不足为奇。为了给妇女解放造势，西方先后兴起了自由女权主义、激进女权主义、后结构女权主义、文化女权主义、生态女权主义，为妇女的解放提供依据，到现在，西方社会的妇女已经是"巾帼不让须眉"。可惜妇女的两面三刀的本性却显现无遗，虽然出现了女总理、女部长等杰出人物，但同性恋、吸毒、纵欲等种种现象层出不穷。

中国妇女解放历史，可以说和妇女被压迫的历史一样长，甚至比妇女压迫史更加悠久。第一个提出妇女解放的人已经无法考证了，但第一个意识到妇女潜在巨大力量的却是孔老夫子，这位"圣人"严正提出"唯女子与小人难养也"。这或许是一句牢骚话，或许是一句真心话，但被哪位虔诚的弟子记录到《论语》上面，奉为箴言。于是，随着老夫子身后地位的"芝麻开花节节高"，中国妇女也就一步步沦落"风尘"了，以致受压抑数千年。

哪里有压迫，哪里就有反抗。从制造女娲补天的神话开始，一代又一代的妇女为了自己的自由和解放前赴后继，其方式、方法具有两面三刀的性质。他们有的"曲线救国"，例如颠覆夏桀政权的妹喜，毁灭商纣王的妲己，让周幽王人头落地的褒姒，到后来让天下人顶礼膜拜的武则天，使天下"不重生男重生女"的杨贵妃，到近代历史上折腾中国半个世纪的慈禧太后，充分显示了妇女的爆发力和战斗力，其中武则天和慈禧太后的手段让人不寒而栗，她们的博弈策略说白了也就是又拉又打，合作联合，典型的两面三刀，只可惜"线"走得太曲折，反而达不到目的，被后人口诛笔伐，往往成为以男人掌权为主体的社会的反面教材。

也有的采用更为高雅的方式，如李清照的"生当作人杰，死亦为鬼雄"，秋瑾的"生不得男儿列，心却比男儿烈"，铿锵有力、掷地有声，赢得一片喝彩。至于采用那种"抛绣球"来解放自己的，虽然据说出身名门——不是相府千金就是名门闺秀；成本很低——搭个平台，扎个绣球而且可以反复使用；影响很大——据说应者云集，但终究是一生一次，而且偶然性太大，所以这类妇女的自我解放也是随风而逝，不见史册，而存在于小说中让人回味。

真正的妇女解放却是中华人民共和国成立以后，在这之前，也有若干革命先驱让妇女有了较高的地位。

例如太平天国的洪秀全，一方面宣扬天下之人都是兄弟姐妹，让妇女好生感动了一阵子，跟着这位"上帝之子"闹起革命，但定都天京之后，这位天王却又折腾起封建帝王的一套，还要作些诗歌宣传男尊女卑，让妇女空喜一场。

到中华人民共和国成立后，中国妇女从几千年的禁锢中解放出来，真正发挥了"半边天"的作用。

历经数千年压抑和解放斗争经验的妇女们在当代社会的各个行业都发挥着重要的作用，可以说，任何一个行业都活跃着无数这些"天地菁英"的倩影。但当妇女投入到自己的事业中去的时候，她们就面临着家庭、爱情、事业等诸多的两难或三难困境，这时候，聪明的妻子又是怎样要点"两面三刀"的伎俩呢？

故事一

孙俊涛有吹牛的毛病，甚至可以煞有介事地杜撰出前天和克林顿共进晚餐的新闻。甭管真不真实，大家知道他只是为了找乐子，谁也不会和他较真。

有一天婆婆来时，孙俊涛又故技重演，拿一枚假项链哄老太太高兴，说成真金，不料将小票落在地上，老太太眼尖，顺手捡起一瞧，乐了："这小子，打小就爱哄我，现在还编瞎话。"孙俊涛不自在，妻子露丝却"表扬"说："哪里，他不说假话的，这不逗您开心嘛……"

故事二

安杰是一家公司的业务主管，热恋订单产量的程度不亚于当年追求丽莎的专注、执着。丽莎也是一家化妆品公司的经理，事业一帆风顺。安杰常常拿出自己的业绩向妻子摆阔。丽莎只是笑笑。丽莎常常说，事业是他的"次恋"，是他的第二情感寄托。何况他业绩一向骄人，收入和位置节节攀升。但照顾家稍有疏懒之虞。这与其说是缺点，不如说是成功点缀。但是这段时间，安杰却感觉"失恋"了，先是客户悔约，再是几桩生意连连失手，加上在公司的人事变动中被暂时搁浅，一种强烈的受挫感令安杰情绪低落。丽莎安排了一次生日晚宴、两次短途旅游，外加和朋友一起上体育中心进行热热闹闹的网球、游泳比赛……在不动声色之间，丽莎表现得对丈夫在生活上更依赖、在能力上更崇拜，丈夫被她营造的快乐悄悄俘虏了，自我检讨说："家庭和身体一样值得特别关注，老婆的用心，我服了。"

在这两个家庭中，妻子实际上都用了"两面三刀"的博弈手法。故事一中，妻子与丈夫演绎了一场合作性的博弈。因为妻子知道，男人爱说大话，千篇一律都是好大喜功之虚荣摆谱。对于丈夫的吹嘘，作为妻子当然内心最为明白，但丈夫的"吹嘘"在旁人面前露馅的时候，正是男人最尴尬之时，也是心灵最脆弱的时候，如果作为妻子再附和他人，无疑是"雪上加霜"。但这时候妻子露丝却不揭穿，让他顺竿爬到顶，下不来再递把软梯，既不失面子，又一针见血，再让他乖乖地落到实处。这看似简简单单的一两句话，却让丈夫从困境中解脱，对妻子在感激之余还会增添几分信任，日后在家庭的各种决策中，妻子自然会取得更多的发言权，这就是一种博弈策略。所以，当男人"失语成性"之际，正是女人妙手抓获之时。

在故事二中，作为丈夫显然属于那种"大男子"一族，充满着自信和进取动力。安杰的状况在现代商场上的男人中普遍存在。这种男人富于自信，但有时也比较专断，在他们事业顺利的时候，存在着一种"一览众山小"，"天下英雄，舍我其谁"的气概，但是，一旦从顺境中转入逆境，往往会变得异常沮丧、毫无斗志。在这样的家庭中，妻子一般必须比较低调，就是传统上所说的"夫唱妇随"，因为一个家庭如果两个人性格都很"刚毅"的话，往往容易诱发冲突，一旦丈夫陷入困境，作为妻子则必须采取主动。

故事二中，丽莎的高明是雪中送炭式的助爱。失意中的丈夫最脆弱，打动他的力量便格外动人，同时，转移他"失恋"的视线，给他营造压力之外的轻松感和成就感，也正是触动其软肋的最佳方法。

最终，妻子用自己的一番柔情，激发了丈夫的斗志，对生活的热爱，对妻子也更加信服，这样的家庭自然更加和谐。睿智的妻子不动声色地就取得了主宰丈夫的主动权，这样的合作性博弈，付出不多，但却收益倍增。

其实，女人天性就有"两面三刀"的个性，如果不明其中的奥妙，做丈夫的往往陷于被动，经常会做出一些吃力不讨好的事情来。

故事三

张华婚后非常诧异，怎么一结了婚，男人在老婆面前就什么也不是了呢？谈恋爱时，妻子还愿带自己到姐妹中间显显自己的才华，讲讲俩人的幸福花边儿。可婚后，只要自己忙于工作，少了陪妻子的时间，她就说你不像以前那么爱她了。当自己对她百依百顺时，她照样一点儿也看不上你，觉得自己没有男人气质。妻子口口声声男女经济平等、她的工资不能过问，但自己的全部银两统统都要"充公"；她平时上网聊天时你休想靠近一步、偷看一眼，声称要尊重各自情感隐私，不过你的信箱密码却必须"共享"。情人节忘了送花，妻子说你心思根本没在她那儿。这时候你要是再去买花，妻子又摆出"廉者不受嗟来之食"！周末逛街买衣服时，碰到款式不错的想买给她，妻子说衣服够穿了，不买吧，妻子又说自己一点儿诚意都没有。张华感到非常郁闷。

在故事三中，丈夫张华屡受"羞辱"，内心极度郁闷，其实，这是做丈夫的不懂女人的心思。女人天生就有一种追求浪漫的心态，但又有"犹抱琵琶半遮面"的情趣，这往往表现在心口不一、两面三刀。他们很可能嘴里说不要破费，但男人如果慷慨解囊，反而会让她们芳心大悦；她们嘴里说你坏，其实心里喜欢得要命。就是这种方式，让女人看起来更加情趣。所以，聪明的男人往往知道女人什么时候说的是真话，什么时候说得是反话，他们很容易看穿女人两面三刀的本性，小施伎俩，就俘获了女友或妻子的芳心。如果把女人也看作表里如一之辈，对女友言听计从，即使做了女人的丈夫，也只能是像故事三中的张华一样，屡屡遭受白眼，在妻子的心目中，嫁了个木头丈夫。所以，聪明的丈夫要看清楚妻子的本性，巧妙运用博弈伎俩，看出妻子的小九九，让夫妻之间多点合作性博弈，这样的夫妻、这样的家庭才能获得更多的快乐。

　　总之，有个两面三刀的妻子并不是坏事，只要她在丈夫面前柔情似水，在工作中多点刚毅、多点果断，作为丈夫，即便是来点"妇唱夫随"又何尝不可，毕竟共赢才是一种最佳的博弈策略。

☾ 窝囊幸福的丈夫

　　贾宝玉一句"女人是水做的骨肉，男人是泥做的骨肉"被后人津津乐道。虽然在过去的几千年文明史中，世界基本上掌握在男人的手中，男人在征服与被征服中打打杀杀了20个世纪，女人在大部分时间成为"战利品"，成为权力的"象征"。正如孙悟空所说的"皇帝轮流做"，到了20世纪中叶，男人争斗得似乎有点力不从心了，需要女人帮忙了，而女人也借此机会开始"自力更生"了，女人们的"妇女解放"运动一浪高过一浪，到现在的社会中，妇女在各个方面发挥出越来越大的作用，成为名副其实的"半边天"。

　　但是，男人和女人，丈夫和妻子虽然是水土的关系，两者相克相成，有的两人世界发展成为水火不相容的关系，而有些聪明的男人却变得如鱼得水，两者间的策略到底相差在什么地方呢？

故事一

　　李立夫妻就收入而言，是明显不对称的。丈夫虽然也算个白领，但公司的效益一般，虽然已经到了而立之年，成为公司的中层干部，但每月也只有三千来块钱进账。但妻子许虹则非同一般。她大学学的是财会，后来又考取了精算师资格，进入一家资产评估机构，几年下来，现在每月固定工资就超过五位数，一个项目做下来还有不少提成。房子、车子都是妻子的"贡献"，但两口子生活同样和和美美。朋友笑着问李立，家里的事情谁说了算？李立笑笑说，一半对一半，当意见一致时听我的，当意见不一致时听她的。朋友听后，都哄堂大笑。

故事二

宋亚晶是北京某重点中学的一位英语教师，名校毕业，又在名校教书，人也长得漂亮。虽然教龄不长，但重点中学的金字招牌挂着，每月工资不菲。虽然教育部门三令五申不准补课，但家长青睐于老师给孩子开小灶，主动找上门来。宋老师好意难却，只能带上几个孩子，每月的家教收入比工资还高。但宋老师多次拒绝校友、同事介绍的高薪的男人做自己的男朋友，大家都认为她眼光高，但最后让大家大跌眼镜的是，最后她却嫁给了家在外地，大学毕业后在高校留校当了两年辅导员，最近刚刚到外企工作，工资只有两千多。既没有车子，也不是高薪，连房子都是与人合租的男人。以至于人家都觉得她吃错了药，为什么找一个这么"平庸"的丈夫。

这两对男女组合，都是现实社会中比较典型的"阴盛阳衰"。但夫妻、恋人的关系却非常和谐。他们有什么秘诀呢？故事中的男主角又是怎样守住了自己的女人，心安理得地"享受"女人创造的财富呢？

故事一中，妻子的收入是丈夫的数倍，按照妻子的话来说，在外人的眼中自己是一个事业有成的女强人，但这其中的艰辛和酸楚只有自己知道，"钱途"虽然宽广，但也是拿自己的辛苦和血汗换取的。对于个体来说，任何人都需要一个避风港，家庭无论对丈夫还是妻子来说，都是自己的幸福港湾。丈夫在收入不如妻子的时候，主动"退居二线"，营造了一个平静的家庭，遇到事情主动和妻子商量，能够听取精明的妻子的意见。这实际上就是用无私的爱为妻子撑起一片蔚蓝的天空，让疲劳的妻子在僻静的天空下面释放自己的疲劳和痛苦，夫妻一起分享着彼此的快乐和痛苦，一起营造着和睦的小家。

在这里，丈夫使用的是一种以退为进的博弈策略。尽管在经济收入上自己远远比不上妻子，就理智地放弃了大男子主义的想法，而是安安心心地做一个普通的男人。给妻子营造一个安静温暖的家庭，使妻子在下班之后，能够找到归宿感和安全感。能够在家里释放工作中的压力，恢复自己的精力，从而更好地投入明天的工作中去。而且在重大问题上，做丈夫的都能够主动让妻子做最后决策，这又必然使妻子在工作中形成的果断刚强的作风在家里有了用武之地，不会产生受制约的感觉。在这场夫妻博弈中，丈夫在金钱、家庭决策中似乎都居于下风，似乎是一场不对称的博弈。但实际上夫妻却形成了一种"合作性"博弈，即一种互补的关系。妻子多挣钱，多决策，丈夫尽可能地为妻子提供"后勤"服务。在这里，这位"平庸"的丈夫做出了"协助妻子"的精明决策，最终是妻子挣的钱都成为夫妻的"共有财产"，丈夫毫无内疚地"享受"着妻子的劳动成果，还赢得了妻子的尊重，按照妻子的话来说：自己和老公的关系是电视机与电源，一旦断了电，多美丽的画面都会消失。

在故事二中，女主人公坦言自己是个追求完美的女人。希望未来的丈夫是优秀的、完美的。以前年纪轻，总想找个有钱有车有房有风度的男人。随着年龄逐渐增长，思想日趋成熟，终于明白真正完美的男人并非仅仅是物质条件完备的男人，最关键的是男人要有一颗善良的心，一个聪明的头脑，一股永不言败的豪情。虽然自己的男朋友现在看似平常、平凡，甚至有些平庸，然而自己仍深爱着他，并对他充满信心。深信暂时平凡的他会带给我"财源滚滚"的未来！在女主人公看来，平庸的概念应该是胸无大志、无才无识。暂时没有钱的人不能叫平庸。

在这个故事中，我们可以看到，作为一个男人，之所以能够俘获一位年轻美貌、收入颇丰的知识女性，关键在于作为一个男人，他选择了一条自强不息的道路。作为男人，首先性格善良，能够让女人找到安全感和归宿感。其次，他有一股不甘平庸、不愿放弃的精神。他可以放着安宁的大学老师不干，敢于下海去拼搏，去尝试，从博弈学的角度来说，他把自己最美好的一面都展示出来，既表现了男性的刚强之美，又有着体贴善良的一面，这无疑就把自己家庭条件一般、无房无车等所有的缺点都掩盖了，从而赢得女主人公的青睐。而女主人公显然也是一位具有战略眼光的博弈高手，她看到的不是眼前利益，而是自己下半生的全部，作为正常人，她当然需要房子、车子、稳定的收入，这些人生存繁衍的基本物质基础；作为女性，她需要一个能够体贴自己的终身伴侣。但她的择偶标准却是：善良的性格＋进取心＝丈夫。这无疑是非常理智和理性的，现实社会中不乏有钱的男士，但性格善良关系到日后夫妻能否和睦相处，同时，仅仅有一颗善良的心也不行，人毕竟还是需要"面包"的。所以，作为男人，还需要具有进取心，需要有未来的可以预见的"好收成"。正是基于这样的心态，这位女主人以战略的眼光，确定了自己的终身伴侣。这位在常人看来"平庸窝囊"的丈夫，找到了自己生活上的助手，事业上的支柱，无疑是一场双赢的选择。

所以，对于男人来说，"平庸"可以，"窝囊"可以，但绝对不能没有善良的心，不能没有一定的进取心，更不能缺少博弈的眼界，在生活、事业上做出正确的选择。这样，即使你在别人看来是很平庸、很普通、很窝囊，但你也可以做一个幸福的男人，一个幸福的丈夫。

◎ 孩子，现代家庭的皇帝

美国心理学家华莱士在他的著作《父母手记：教育好孩子的101种方法》中提到了这样一个例子：

一位母亲为她的孩子伤透了心，她不得不去找心理问题专家。

专家问，孩子第一次系鞋带的时候，打了个死结，从此以后，你是不是不再给他买有鞋带的鞋子了？

夫人点了点头。专家又问，孩子第一次洗碗的时候，打碎了一只碗，从此以后，你是不是不再让他走近洗碗池了？夫人称是。专家接着说，孩子第一次整理自己的床铺，整整用了两个小时的时间，你嫌他笨手笨脚了，对吗？这位母亲惊愕地看了专家一眼。专家又说道，孩子大学毕业去找工作，你又动用了自己的关系和权力，为他谋得了一个令人羡慕的职位。这位母亲更惊愕了，从椅子上站了起来，凑近专家问，您怎么知道的？

专家说，从那根鞋带知道的。

夫人问，以后我该怎么办？专家说，当他生病的时候，你最好带他去医院；他要结婚的时候，你最好给他准备好房子；他没有钱时，你最好给他送钱去。这是你今后最好的选择，别的，我也无能为力。

　　这个故事说明了什么问题？教育学家说这是教育的失败，是母爱的泛滥而形成的溺爱；心理学家则会认为这是"恋母情结"造成对母亲的依赖。如果从博弈的角度来看，这是一场长期"一边倒"的博弈，其最终的结局是一场双输的零和博弈。

　　从故事中我们看出，作为母亲总是把儿子看作长不大的孩子，从一根鞋带开始，一步步滑向"深渊"，不让孩子洗碗；不让孩子叠被子；不让孩子自己寻找工作，适应社会。在这个过程中，母亲是不断地"付出"，孩子是心安理得的享受，所以，这是"一边倒"的博弈。只是母亲和孩子都没有意识到他们是在进行一场博弈，作为母亲，她希望孩子健康快乐快速成长，所以她什么都包办代替，作为孩子，他把一切认为理所当然，短期来看，这是没有问题的，因为孩子那些微不足道的问题，在母亲手中是"迎刃而解"的，所以这种一边倒的"合作"博弈恶果显示不出；但长期在他母亲的庇护下享受惯了的儿子不能独立处理问题，凡事都依赖母亲，以至于母亲也无法面对的时候，对于这种长期养成依赖心理，专家也没有更好的办法，只能诙谐而又无奈地让母亲继续向孩子提供"医院"、"房子"、"金钱"，因为专家知道，依赖的心态已经养成，不可能改变，做母亲的只有继续"付出"，让儿子继续"心安理得"地享受。但是，当这位母亲对长大的儿子遇到的问题已经无能为力了，而儿子除了依赖母亲也不会寻找别的办法，他们必然引发激烈的矛盾和冲突，所以，母亲与儿子的博弈最终的结局是一场双输的零和博弈。

　　在这种博弈中，孩子的地位和古代的帝王有点相似，又有点区别。只是古代的皇帝或者是靠着自己的狡猾与睿智，或者是凭借祖先的余荫，一手掌握国家的最高权力，决定着国家的命运与臣民的生死荣辱。而当今众多家庭中的孩子在家里也是颐指气使，主宰着父母的一切行动，演绎着家庭的喜怒哀乐。只是这种"家庭皇帝"的地位却往往最初是父母一厢情愿地让孩子高高在上，从博弈学的角度来说，这就是一场"一边倒"的博弈，最终导致双输的结局。

案例一

2002 年 2 月 1 日，遭受儿子毒打和辱骂长达 5 年之久的合肥民警谭文新，一气之下举枪杀死孽子——22 岁的大学生谭天。5 月 9 日，主动投案自首的谭文新被安徽省合肥市中级人民法院以故意杀人罪判处有期徒刑 7 年。

一个原本应该幸福欢乐的三口之家就这样毁掉了：孩子死在父亲枪下，父亲锒铛入狱，母亲精神几近崩溃。这一切，究竟是为什么呢？

据了解，溺爱迁就是这出悲剧的一个主要原因。由于自幼娇生惯养，谭天养成了一切以自我为中心的习惯，由最初的任性而发展到打骂父母，到最终稍不如意，就拳打脚踢。父母最初是不以为意，继而是默认，接着是忍受，最终难压怒火，终于导致了家庭悲剧的爆发。

案例二

"我儿子要杀我！" 2005 年 8 月 2 日晚 7 时，一名女子向成都高新区 110 报警。接警后，巡警立即驱车赶到报警者所在的南方半岛花园。报警的女子姓王，40 岁左右，她称儿子在街上看见有人牵牧羊犬散步后，就执意要她也买一只，"我说'大狗家里喂不下，要买就买小狗'，没料到儿子回到家就提着两把菜刀要砍我！"

据王女士说，孩子只有 12 岁，在某小学读六年级，"平时他要什么我们大人就给他买什么，都是我们把他宠坏了，他已经不是第一次这样了。你们把他抓起来算了，最好是抓到少管所去。" 晚上 8 时左右，孩子的父亲赶了过来。"这孩子毁了，能抓你们就抓吧。" 父亲的口气与母亲如出一辙。到了晚上 9 时许，孩子在巡警的开导下，终于放下了菜刀。孩子的父母也当场对巡警表示，他们教育娃娃的方法有问题，以后一定会好好教育孩子。

父母和孩子由于天生的血缘关系，可以说是天下最密切的关系了。所谓 "羊有跪乳之恩，鸦有反哺之义"，受人滴水之恩，尚须涌泉相报，为什么却出现如案例一中父杀子，案例二中子欲杀母的一幕幕让人费解的现象呢？

其实，父母与子女之间既是一种血缘关系，也是一种相互的博弈关系，只是后一种关系往往被人所忽视。也许，我们不能不承认，很多的父母根本不知道什么是投资，什么是博弈，他们出于天性，不遗余力地对孩子付出极大的投入，希望孩子能够快速成长，这是天下父母的共同心愿，这从本文中的案例可以证明。与其他国家的父母相比，中国的父母更是世界上最尽职尽责的父母，他们可以为了自己的孩子付出一切，牺牲一切，就像案例一中一样，父母为儿子操劳半生，还要默默忍受儿子的凌辱和殴打。在某种意义上，父母们不懂得博弈，但他们的潜意识中就把付出当作一种投资，其目的就是为了将来得到更多的回报，是为了得到更多的收获。接受投资的是谁，回报、收获从何而来？答案都是子女。所以，父母和子女实际上也就是建立在血缘关系上的一种特殊博弈。对父母来说，他们希望孩子听话，按照他们的意思去做，希望孩子早日从生理上和心理上成熟，早日实现从自然人向社会人的转变。为了孩子"听话"，他们往往姑息纵容孩子，认为孩子不懂事，长大了慢慢自然明白；为了孩子早日"长大"，他们对孩子的一切包办代替，认为不让孩子穿有鞋带的鞋子，不让孩子洗碗，不让孩子叠被子，这就能节约孩子的时间，让孩子投入到更有"意义"、更有"帮助"的事务中去。在父母看来，自己的这种投入，孩子是应该明白的，是应该体谅的，所以他们会更懂事，更按照父母设计好的"路线图"去做。父母理所当然地认为孩子会好好地配合自己，父母和孩子之间理所当然地形成一种合作性博弈。

但事实是这样的吗？案例一中，父亲最后枪杀了自己的亲生儿子，他不爱孩子吗？爱，正是因为爱，所以纵容了孩子，但这种爱，这种投入却是一种不正当的爱，一种不健康的投入，是一种"一边倒"的博弈投入。看看谭天的姑姑所回忆的：孩子小的时候，父母就事事顺着孩子，养成了孩子目空一切、唯我独尊的心态，与父母说话，从不喊爸妈，更不把亲戚放在眼里。再看看父亲谭文新自己的一段回忆："有一次他很晚才回家，我问他干什么去了，他不回答，上来朝我脸上就打了几拳。那是他第一次打我，我没有还手。没想到他从此变本加厉，经常打骂我和他妈。当时我和妻子商议想离开他，走远一些算了。可后来他又考到了芜湖上学，我想这下离远了应该能好一点，就留了下来。但没想到他每次从学校回来都要找我们的茬，2004年春节，他把他妈妈按在地上拽着头发打。"在案例二中，母亲的一句话，道出了孩子提刀杀母的真相："平时他要什么我们大人就给他买什么，都是我们把他宠坏了"，多么真实的一句话，多么恐怖的一句话。

多么善良的父母，又是多么无知的父母，他们不知道，正是由于事事顺着孩子，养成了孩子自高自大，唯我独尊的人格；正是由于过分的迁就，养成了孩子暴虐的心态。在这种一厢情愿的博弈投入中，父母又怎么能够让孩子懂得尊重、懂得回报，与父母形成合作性博弈呢？孩子的暴戾性格一旦养成，父母孩子的对立一旦形成，他们之间的合作性博弈还有多少机会呢！正如谭文新枪杀儿子后对饱受儿子暴力之苦的妻子说这下你解脱了，又跪着对儿子的尸体说，这下你也解脱了。死者是解脱了，但生者就真的解脱了吗？尽管这个家庭的父子之间的博弈结束了，但这种结局不正是不懂得博弈的结果吗？又如案例二中的年轻父母所说的"以后一定会好好教育孩子"，但一贯纵容孩子的父母会正确教育孩子吗？小学六年级就敢提刀杀母的孩子，还会不会接受家长的教育呢？

孩子是父母生命的延续；孩子是一个个家庭的希望。正因为父母爱孩子，才会倾注自己的心血去塑造孩子，但越是这样，越要知道，你与孩子除了血缘关系，还有一种博弈关系，要与孩子形成合作性博弈，就要从小用正确的方式教育教导孩子。孩子越小，可塑性越大，形成合作性博弈的概率也就越大。《颜氏家训》上说："教妇初来，教儿婴孩。"它明确告诉我们：教育孩子必须抓住一个"早"字。的确，孩子良好的品德、严谨的生活习惯、高尚的文明行为，往往就需要从小培养，"香九龄，能温席"，"融四岁，能让梨"，就是早期家庭教育的良好典型。有许多家长，特别是初为父母者，往往认为孩子尚小，不懂事，早期教育作用不大，等到长大再教也不迟，结果是纵容迁就孩子，养成诸多恶习，最终与父母走向对抗，形成一种非合作性博弈。

在中国两千多年漫长的封建社会里，一共有皇帝494人，其中固然不乏一些英才明主，但更多地出现了各式各样的暴君、昏君。这是由于封建专制制度本身造成的，由于君主掌握了所有的权力，臣民一无所有，所以臣民与皇帝无法形成合作性博弈。在一个个家庭，孩子是否健康成长，取决于父母能否正确教育，如果一厢情愿认为孩子长大后自然会明白，一味姑息纵容，无异于在千千万万个家庭中培养出千万个小皇帝。缺乏健康心态的小皇帝必然是趾高气扬、唯我独尊。这时候父母希望他们"听话""合作"还有可能吗？父母与孩子还有合作的机会吗？没有了，一点都没有了，因为他们的关系已经从家长与子女的关系成为"君臣关系"了，他们已经没有平等合作博弈的基础了。

善良的父母，多点理性，少点冲动，不要把自己的孩子培养成为骑在自己头上的"家庭皇帝"。

◎ 三代人的"三国演义"

中国过去有句俗语叫作"老不读三国，少不读水浒"，为何如此说呢？按照传统的说法，因为《三国演义》讲述的就是曹魏、刘汉、孙吴争霸的历史，一部历史就是一部典型的权力争斗与谋略运用的历史，老人拥有充分的社会阅历，阅读之后必然有充分的领悟，如果在生活中加以运用，容易对统治阶级造成冲击。至于《水浒》则是讲述农民造反的故事，讲究"不平则鸣"，"该出手时就出手"，这对血气方刚的少年来说，很容易引诱他们的好斗血性，激发他们对现实生活的不满，从而引发社会动乱。

其实，这都只说对了一部分，关键是这两部书充满了太多太多中国人的谋略，用我们现在的观点来看就是双方和多方博弈。其中《三国演义》基本上就是一部多方博弈的历史，是一个特定历史时期社会的缩影。我们知道，一个社会，不是简单地由对立或者合作的两方组成，而是由多方组成，他们之间既充满着合作，又充满着斗争，这些斗争合作或明或暗，或真或假，充满着变数，对参与者而言需要极高的技巧才能获得胜利的机会，而整个社会的发展正是多方博弈合力作用的结果，《三国演义》就是对多方博弈的精彩描述，所以它甚至被列为禁书。如果我们再深入探讨，就会发现，大到一个社会，小到一个家族、家庭，都是由多方组成，彼此之间都充满了各种博弈。即便是现在，除了核心家庭，众多的家庭也是由三代人组成，他们之间纠葛瓜分，也是一种多方博弈，同样是一部《三国演义》的压缩版。

在现代众多家庭中，随着社会的发展，年轻的父母迫于生活压力，习惯于把孩子的教育托付给爷爷奶奶，于是一个新的名词——"隔代教育"

便产生了。所谓隔代教育，一般是指由于激烈的社会竞争，父母忙于工作、生意上的应酬，没有很多时间来照顾孩子，于是将教育孩子的事情交给爷爷奶奶，而父母主要是从经济上保证孩子的供给，也有祖辈父辈一起教育孩子的现象。这种祖辈父辈一起教育第三代人的现象越来越普遍，但出的问题也越来越多。

故事一

某居民小区，一位母亲为督促儿子改掉粗心习惯，要求他每天把家庭作业记下来，回家做完后再大声朗读检查一遍。可孩子嘀咕嫌烦，奶奶看在眼里、疼在心里，经常瞒着媳妇去学校抄题目，再悄悄替孙子改正错题。孩子毛病未改，期终考试数学刚刚及格，结果母亲发火、奶奶垂泪，乱成一团。

故事二

济南的一位家长，从小在父亲严厉斥责中长大，对父亲一直心存敬畏，长大由于忙于事业，将孩子从小交给爷爷奶奶带大，现在14岁，上初二了，学习成绩较差，在班级倒数第二名，还有很多科目不及格，夫妻俩想教训几句，爷爷奶奶还护着。夫妻俩不敢跟老人争辩，只能干着急，总想背着父母再教育孩子。孩子学"聪明"了，只要父母生气，就拿爷爷奶奶当挡箭牌，父母又不能拿老人怎样。爷爷奶奶虽然有时觉得孙子不对，也想教育教育孙子，但呵护惯了，在孙子心目中没有威信，每次教育，孙子总是一溜烟跑了，犯了事又躲在了爷爷奶奶身后。整个家庭教育乱糟糟的。爷爷奶奶、青年夫妇都不知怎么好。

如果我们用《三国演义》的故事来比照当代中国由三代人组成的家庭，二者似乎有着惊人的相似之处：都是由三方组成；都彼此既斗争又联合；都有着某一方占据优势地位。对于三国这段历史，我们都知道，曹魏独霸中原；蜀国偏居西南一隅；吴国占据江南。吴蜀两国合则两利，分则两害。刘备的蜀国之所以一蹶不振，一是关羽既攻曹魏，又得罪孙权，结果腹背受敌，丢失了荆州这块战略基地；二是刘备意气用事，不顾曹魏的虎视眈眈，仍要为兄弟报仇，结果街亭一战，蜀汉的精锐损失殆尽，终于失去了重振汉室天下的机会，让曹魏得到喘息的机会，将蜀吴一一歼灭，最终留下一段悲剧历史。

以三国来对照三代人，我们说谁更像拥有雄厚实力的曹魏，是父母，不是；是祖父母，也不是，更接近曹魏地位的却是看似软弱无力的孩子。为什么说孩子更像老大，因为他"无知"，所谓"无知者无畏"，他不懂事，所以他不怕事；而父母、祖父母懂事，他们对孩子只能讲团结，只能教育，而不能"阶级斗争扩大化"，面对不懂事的孩子，只能是投鼠忌器。因为出于爱子之心，孩子无论犯了什么错误，祖父辈都只能是教育，还有什么招呢？所以相对而言，父母、祖父母更像实力弱小的吴蜀，而不是强大的曹魏。

在上述两个故事中，祖辈、父辈对孩子的教育无疑是一场三方博弈。从主观愿望来说，祖辈、父辈都是为了孩子的健康成长，所以他们二者之间应该更容易达成合作性博弈，而对于粗心、顽皮的孩子，由于受到祖父母的溺爱，他们心目中把父母的教育当作对自己的非难和折磨，因此，对于父母的教育，很可能表面上唯唯诺诺，在他们的潜意识中却存在一种对抗情绪，存在着一种非合作性博弈的倾向，只是不敢明目张胆表现出来。虽然说孩子"不懂事"，但孩子天性存在的观察力，很容易利用祖父母溺爱自己的特点，拆散两代长辈之间的同盟。面对这种情况，对于实力"弱小"的祖辈、父辈来说，更应该步调一致，共同教育孩子，但事实上却恰恰相反。虽然同样出于爱护孩子的目的，祖父母、父母方法迥异，反而形成了一种非合作性博弈，导致了教育的失误。故事一中，母亲为了督促孩子，严格要求，是爱孩子；而奶奶却心疼孙子，替孙子遮遮掩掩，也是爱孩子，但两代人教育方法不一致，结果孩子依然旧习未改，使孩子轻而易举地赢得了这场博弈的胜利。故事二中，父母都忙于事业或者为饭碗而辗转奔波，从小把教育孩子的责任推给了爷爷奶奶，等到父母想教育孩子的时候，由于爷爷奶奶的庇护，孩子对父母的教育已经不以为然了。本应该配合青年夫妇的老人却成为教育孩子的阻力，而且这种阻力的后果是相当严重的，因为孩子已经找到了反制父母的法宝——祖父母，他已经看到了对手之间存在的裂缝。所以，当父母要教育他时，他推出自己的"护身符"，当祖父母试图教育他时，由于威严的缺失，孩子对祖父母的教育也是不屑一顾，这实际上就拆散了祖父母、父母之间的联合，反而把祖辈、父辈推向了对立博弈面，孩子反而"逍遥自在"，取得博弈的胜利。故事二中的家庭博弈教育更加危险，因为父母、祖父母之间的裂缝已经让孩子掌握，他已经找到了制服对方的法宝。在这种博弈中，同样是出于爱孩子之心，但父母、祖父母之间不能统一步调、统一口径，形成真正的合作性博弈，最终只能让孩子各个击破。孩子得不到良好的家庭教育，必然不能健康成长，能否最终成为有用之才，也只能打上疑问。整个家庭教育博弈犹如三国历史的重演，只是势力弱小的祖辈、父辈让孩子小施伎俩，就陷入了"自相残杀"的悲剧，这和三国中蜀吴的恶战何其相似。

如果说上述故事中父母还存在对孩子的教育之心，还惦记着孩子的教育，在现实生活中，父母、祖父母都溺爱孩子，一遇到孩子在外面吃亏，受到老师"惩罚"，就不分青红皂白，群起而攻之。在这种家庭中，三方的博弈则不像三国演义，而更像战国后期的"六国贿赂秦国"，这种博弈的最终结果是多方的竞相灭亡。

当前中国的众多家庭，尽管三口之家的核心家庭日益成为主流，但由于残酷的社会竞争，许多年轻的父母因为事业和饭碗而奔波，在相当长的一段时间内，无法对孩子进行全面教育，于是把教育的重任推给了祖辈。祖父母们没有工作的压力和生活的拖累，比较有耐心去陪伴和教育孙辈；老人历尽沧桑后的返璞归真，自有一种"儿童心理"，特别喜欢与孩子玩乐，易与孙辈建立融洽的感情，同时也容易养成溺爱儿孙的心理。所以当父母缓过气来，有一定的时间和精力，试图对孩子进行教育，由于没有和自己的父辈很好沟通，使得应该配合青年夫妇教育儿孙的祖父母往往成为父母教育孩子的阻力。这种两代人之间细微的裂缝，极其容易被孩子察觉和利用，从而导致家庭教育的失败。所以，家庭内部的长辈们一定要注意，在家庭教育上，你们貌似强者，但如果不注意，很可能成为弱者，很可能让孩子把你们推向斗鸡博弈的尴尬地步，而孩子却在一旁窃笑。所以，多点沟通，多点交流，会让家庭更加和谐，就能让现代家庭的"三国演义"有个三方共赢的结局。

◎ "攘外必先安内"

在家庭成员之间，特别是夫妻之间，总会因为各种事情而发生各种矛盾。美国婚姻专家马克·冈戈尔认为，恩爱夫妻和离婚夫妻一样会发生冲突，但恩爱夫妻却懂得化解冲突。有人问一对相爱50年的夫妇，你们认为保持夫妻和睦最重要的因素是什么？这对夫妻不约而同地回答：忍。的确，夫妻共同生活，不可能不发生矛盾，在矛盾的尖锐时刻，双方尖锐对立，往往会形成一种斗鸡博弈，在这种博弈中，要避免两败俱伤，必须有某一方退让，但这需要一方或者双方能够克制自己，这就是"忍"，在博弈学上，这就是退让。其实避免斗鸡博弈发生的最好的办法就是在矛盾萌芽之际就主动化解，这同样需要"忍"，需要双方多加沟通。

仔细分析夫妻间矛盾产生的原因，无非是外因和内因，而且随着生活节奏的加强，对夫妻、对家庭的压力增大，五光十色、光怪陆离的各种社会现象，对夫妻的各种诱惑也急剧增加，现在外因往往更多的激发内因，引发夫妻之间的矛盾，促使夫妻之间矛盾激化，形成斗鸡博弈。这时，如果双方都不愿意退让，就容易导致婚姻的失败，家庭的解体。所以，聪明的丈夫或者妻子，如果要挽救来之不易的婚姻，就要学会处理"外"和"内"的矛盾，要学会"安内"而"攘外"，要利用"攘外"而"安内"。因为从博弈角度分析，外因是主要矛盾，内因是次要矛盾，外因重于内因，更重要的是，一般来说，夫妻之间共同的利益大于共同的分歧，所以夫妻之间的矛盾更容易化解，形成合作性博弈的概率更高，所以，聪明的夫妻，往往能够借助外因来消灭内部矛盾，形成合作，挽救婚姻，挽救家庭。

故事一

秦澜在28岁时认识当电工的杨忠。杨忠虽然只有高中文化，每月工资仅仅39元，而自己却已经停薪留职在外做生意，收入颇丰，但觉得他忠厚老实，能够吃苦，还是义无反顾地嫁给了杨忠。后来，秦澜拿出所有的积蓄，夫妻从租个小门面做起，慢慢生意越做越好，公司旗下有二三十位员工。

当日子越过越滋润的时候，夫妻关系却悄悄地发生了变化。杨忠先是说想拥有个人的空间，又试图分享经济支配权。其后又迷上网恋聊天，经常聊到凌晨三四点，接着杨忠总说工作忙，回家的时间一天比一天晚，儿子不送了，工作也不管了。妻子终于发现，丈夫是迷上了一个未经世事的小女孩，一个追求物质的小女孩。

妻子采取行动了，她先是逼丈夫签个协议：如果杨忠和秦澜离婚，一切家庭财产包括公司财产全部归秦澜和儿子，杨忠将一无所有。丈夫无可奈何地签下了自己的名字。妻子摸清了夫妻的底线：丈夫是不愿意离婚的，而自己也不愿给儿子一个破碎的家庭。于是她径直约丈夫的情人见面，告诉她夫妻创业的艰辛，告诉她夫妻离婚后丈夫将一无所有，追问她有没有白手起家的能力和信心，最后诱导她，如果能够让丈夫主动死心，自己将付给她一笔钱。在妻子的软硬两手下，贪恋钱财的情人退让了。她故意带着一个男孩出去逛街，故意手牵着手很亲密，故意让杨忠看到。丈夫杨忠绝望了，终于又回到妻子身边。妻子爽快地给情敌一笔钱，就当什么也没有发生，夫妻恩爱如初，一家三口，和和美美。

故事二

妻子潇梅收入比老公高，这种情况持续了将近两年。妻子跳槽跳得步步高，老公还在原地打转转，渐渐地丈夫不太爱回家了，经常一个人在小店里喝闷酒。潇梅知道丈夫心理不平衡，也知道因为他在国有单位待得时间久了，越待下去就越没有勇气出去，他想去闯，可又有点患得患失，怕自己不行。作为一个优秀的老婆，怎么既要让丈夫走出去，又不能让丈夫觉得是被妻子"踢"出去的呢！潇梅采取了三步走的战略：

第一步，丈夫要花钱，从不瞎拦着，避免让丈夫觉得自己小瞧他。

第二步，充分相信丈夫的能力，适当的时候给他找个兼职，因为丈夫的正式职业不需要他的头脑和精力，就让他也尝尝两份收入尤其是有第二份高收入的甜头。等拿到兼职工资之后，妻子真心实意地说："老公你真行啊，兼职都比我挣得多，要是全职的话，我都看见咱家的小别克了！"有了额外收入，丈夫也大方了，给妻子买这买那，潇梅总是特别甜蜜地说："谢谢！"丈夫自信心空前膨胀。

第三步，在老公自信增强，决定跳槽之际，潇梅动用各种人脉，和丈夫共同出谋划策，帮他找到一个高薪、高兴的工作。

此后，夫妻双双步入高薪白领阶层，小日子也过得甜甜蜜蜜。

在这两个故事中，夫妻之间都因为种种原因而发生了裂痕。故事一中，丈夫杨忠可谓是"有钱就变坏"，迷上了贪恋钱财的小蜜，对夫妻、家庭构成了威胁。精明的妻子巧妙地利用"外因"来"巩固"来之不易的家庭。他珍惜夫妻感情，珍惜幸福的家庭，不希望给孩子的心灵留下阴影。于是她不动声色地摸清了博弈的形势：丈夫生性本分，同时能力有限，不敢真正和自己彻底决裂，情人贪恋的是丈夫的钱财，是丈夫表面的风光。接着她首先一纸契约，如果夫妻彻底决裂，则剥夺丈夫所有的财产，实际上是剥夺了他的经济资本。这无疑把丈夫推向了绝路，这时夫妻形成一种斗鸡博弈，形势非常紧张。精明的妻子没有再进一步逼迫丈夫，而是把矛头转向真正的对手——丈夫的情人。掌握了对手贪财的弱点，软硬兼施，让情人使出撒手锏，抛弃杨忠，使杨忠看清情人的"虚情假意"，看清情人贪恋自己财富的本性。结果是丈夫主动退让，重新回到妻子身边，一场斗鸡博弈以丈夫的退让而告终，一场家庭危机在妻子不动声色中消失于无痕。精明干练的妻子借助"外"部矛盾反而巩固"内"部团结，不难想象，经过这场危机，妻子提高了自己的威信，家庭更加和睦，"攘外"有了更加巩固的基地。

在故事二中，丈夫由于收入不如妻子而自惭形秽，借酒消愁，婚姻存在危机。在这时刻，聪明的妻子采取"三步走"战略：首先放手让丈夫花钱，缓和夫妻间紧张状态；接着根据丈夫能力，给他找些兼职，让丈夫的"收入"增加，让丈夫为自己花钱，提高了丈夫的自信；最后，帮助丈夫找到一份与其能力相当的高收入工作，使丈夫再也不因为收入问题而"耿耿于怀"，三步策略，看似简单，却是环环紧扣，最终就使趋于紧张的家庭气氛消失得无影无踪，使斗鸡博弈尚未形成就在妻子的谈笑间"灰飞烟灭"。

在一个高速发展的时代，在商品经济急速发展的时代，内外的压力使现代婚姻充满了挑战和压力，要在内忧外患的险境中维系婚姻，靠的就是夫妻间的彼此沟通、彼此扶持。懂得一点博弈，懂得如何化解纷争，才能使夫妻之间感情升华，才能维护家庭的稳定，使自己好好享受婚姻家庭带来的快乐和幸福。